“人工智能伦理、法律与治理”系列丛书

编委会

本丛书由同济大学上海市人工智能社会治理协同创新中心
组织策划和资助出版

设计治理

中国自主人工智能设计治理理论体系研究

邹其昌 等 著

Design Governance

A Study on the Theoretical System of AI Design Governance of China's Autonomy

上海人民出版社

国家社科基金重大项目“中华工匠文化体系及其传承创新研究”

（项目编号：16ZDA105）的阶段性成果

2020年度教育部人文社会科学研究规划基金项目资助的

“人工智能语境下的艺术设计实践趋势研究”（编号：20YJA760011）

阶段性成果

同济大学2022年度理论创新课题

“中国自主人工智能设计治理理论体系研究”最终成果

“中国当代设计学体系建构研究”成果之一

丛书序

当前，在移动互联网、大数据、超级计算、传感网、脑科学等新理论新技术以及经济社会发展强烈需求的共同驱动下，新一代人工智能正在全球蓬勃发展，推动着经济社会各领域从数字化、网络化向智能化加速跃升。作为新一轮产业变革的核心驱动力，人工智能正深刻改变着人类的生产生活、消费方式以及思维模式，为经济发展和社会建设提供了新动能新机遇。

人工智能是影响面广的颠覆性技术，具有技术属性和社会属性高度融合的特征。它为经济社会发展带来了新机遇，也带来了新挑战，存在改变就业结构、冲击法律与社会伦理、侵犯个人隐私、挑战国际关系准则等问题，对政府管理、经济安全和社会稳定乃至全球治理产生深远影响。从国内外发展来看，人工智能的前期研发主要是由其技术属性推动，当其大规模嵌入社会与经济领域时，其社会属性有可能决定人工智能技术应用的成败。“技术”+“规则”成为各国人工智能发展的核心竞争力。各国在开展技术竞争的同时，也在人工智能治理方面抢占制度上的话语权和制高点。因此，在大力发展人工智能技术的同时，我们必须高度重视其社会属性，积极预防和有效应对其可能带来的各类风险挑战，确保人工智能健康发展。

人工智能是我国重大的国家战略科技力量之一，能否加快发展新一代人工智能是事关我国能否抓住新一轮科技革命和产业变革机遇的战略问题。我国在加大人工智能研发和应用力度的同时，高度重视对人工智能可能带来的挑战的预判，最大限度地防范风险。习近平总书记多次强调，“要加强人工智能发展的潜在风险研判和防范，维护人民利益和国家安全，确保人工智能安全、可靠、可控”。2017年国务院发布的《新一代人工智能发展规划》也提出，要“加强人工智能相关法律、伦理和社会问题研究，建立保障人工智能健康发展的法律法规和伦理道德框架”，并力争到2030年“建成更加完善的人工智能法律法规、伦理规范和政策体系”。近年来，我国先后出台了《网络安全法》《数据安全法》《个人信息保护法》等一系列相关的法律法规，逐渐完善立法供给和适用；发布了《新一代人工智能治理原则——发展负责任的人工智能》《新一代人工智能伦理规范》，为从事人工智能相关活动的主体提供伦理指引。标准体系、行业规范以及各应用场景下细分领域的规制措施也在不断建立与完善。

人工智能产业正在成为各个地方经济转型的突破口。就上海而言，人工智能是上海重点布局的三大核心产业之一。为了推动人工智能“上海高地”建设，上海市先后出台了《关于本市推动新一代人工智能发展的实施意见》《关于加快推进上海人工智能高质量发展的实施办法》《关于建设人工智能上海高地 构建一流创新生态的行动方案（2019—2021年）》《上海市人工智能产业发展“十四五”规划》等政策文件。这些文件明确提出要“逐步建立人工智能风险评估和法治监管体系。鼓励有关方面开展人工智能领域信息安全、隐私保护、道德伦理、法规制度等研究”；“打造更加安全的敏捷治理，秉承以人为本的理念，统筹发展和安全，健全法规体系、标准体系、监管体系，更好地以规范促发展，为全球人工智能治理贡献上海智慧，推动人工智能向更加有利于人类社会的方向发展。”此外，上海还制定和发布了《上海市数据条例》和《人工智能安全发展上海倡议》，并且正在推进人工智能产业发展和智能网联汽车等应用场景的立法工作，加强协同创新和可信人工智能研究，为上海构建人工智能治理体系和实现城市数字化转型提供了强大的制度和智力支撑。

重视人工智能伦理、法律与治理已成为世界各国的广泛共识。2021 年联合国教科文组织通过了首份人工智能伦理问题全球性协议《人工智能伦理问题建议书》，倡导人工智能为人类、社会、环境以及生态系统服务，并预防其潜在风险。美国、欧盟、英国、日本也在积极制定人工智能的发展战略、治理原则、法律法规以及监管政策，同时相关的研究也取得了很多成果。但总体而言，对人工智能相关伦理、法律与治理问题的研究仍处于早期探索阶段，亟待政产学研协同创新，共同推进。

首先，人工智能技术本身正处于快速发展阶段。在新的信息环境下，新一代人工智能呈现出大数据智能、群体智能、跨媒体智能、混合增强智能和智能无人系统等技术方向和发展趋势。与此同时，与人工智能相关的元宇宙、Web3.0、区块链、量子信息等新兴科技迅速发展并开始与经济社会相融合。技术的不断发展将推动各领域的应用创新，进而将持续广泛甚至加速影响人类生产生活方式和思维模式，会不断产生新的伦理、法律、治理和社会问题，需要理论与实务的回应。

其次，作为一种新兴颠覆性技术，人工智能是继互联网之后新一代“通用目的技术”，具有高度的延展性，可以嵌入到经济社会的方方面面。新一代人工智能的基本方法是数据驱动的算法，随着互联网、传感器等应用的普及，海量数据不断涌现，数据和知识在信息空间、物理空间和人类社会三元空间中的相互融合与互动将形成各种新计算，这些信息和数据环境的变化形成了新一代人工智能发展的外部驱动力。与此同时，人工智能技术在制造、农业、物流、金融、交通、娱乐、教育、医疗、养老、城市运行、社会治理等经济社会领域具有广泛的应用性，将深刻地改变人们的生产生活方式和思维模式。我们可以看到，人工智能从研究、设计、开发到应用的全生命周期都与经济社会深深地融合在一起，而且彼此的互动和影响将日趋复杂，这也要求我们的研究不断扩大和深入。

最后，我们不能仅将人工智能看成是一项技术，而更应该看到以人工智能为核心的智能时代的大背景。人类社会经历了从农业社会、工业社会再到信息社会的发展，当前我们正在快步迈向智能社会。在社会转型的时代背景下，以传统社会形态为基础的社会科学各学科知识体系需要不断更新，以有效地研究、解释与解决由人工智能等新兴技术所引发的新的社会问题。在这一意义上，人工智能伦理、法律与治理的研究不仅可以服务于人工智能技术的发展，而且也给哲学、经济学、管理学、法学、社会学、政治学等社会科学带来了自我审视、自我更新、自我重构的机遇。在智能时代下如何发现新的研究对象和研究方法，从而更新学科知识，重构学科体系，这是社会科学研究的主体性和自主性的体现。这不仅关涉个别二级学科的研究，更是涉及一级学科层面上的整体更新，甚至有关多个学科交叉融合的研究。从更广阔和长远的视角来看，以人工智能为核心驱动力的智能社会转型，为社会科学学科知识的更新迭代提供了良好契机。

纵观世界各国，人工智能技术的发展已经产生了广泛的社会影响，遍及认知、决策、就业和劳动、社交、交通、卫生保健、教育、媒体、信息获取、数字鸿沟、个人数据和消费者保护、环境、民主、法治、安全和治安、社会公正、基本权利（如表达自由、隐私、非歧视与偏见）、军事等众多领域。但是，目前对于人工智能技术应用带来的真实社会影响的测量和评价仍然是“盲区”，缺乏深度的实证研究，对于人工智能的治理框架以及对其社会影响的有效应对也需要进一步细化落地。相较于人工智能技术和产业的发展，关于人工智能伦理、安全、法律和治理的研究较为滞后，这不仅会制约我国人工智能的进一步发展，而且会影响智能时代下经济社会的健康稳定发展。整合多学科力量，加快人工智能伦理、法律和治理的研究，提升“风险预防”和“趋势预测”能力，是保障人工智能高质量发展的重要路径。我们需要通过政产学研结合的协同创新研究，以社会实验的方法对人工智能的社会影响进行综合分析评价，建立起技术、政策、民众三者之间的平衡关系，并通过法律法规、制度体系、伦理道德等措施反馈于技术发展的优化，推动“人工智能向善”。

在此背景下，2021 年新一轮上海市协同创新中心建设中，依托同济大学建设的上海市人工智能社会治理协同创新中心正式获批成立。中心依托学校学科交叉融合的优势以及在人工智能及其治理领域的研究基础，汇聚法学、经管、人文、信息、自主智能无人系统科学中心等多学科和单位力量，联合相关协同单位共同开展人工智能相关法律、伦理和社会问题研究与人才培养，为人工智能治理贡献上海智慧，助力上海城市数字化转型和具有全球影响力的科技创新中心建设。

近年来，同济大学在人工智能研究和人才培养方面始终走在全国前列。目前学校聚集了一系列与人工智能相关的国家和省部级研究平台：依托同济大学建设的教育部自主智能无人系统前沿科学中心，作为技术和研究主体的国家智能社会治理实验综合基地（上海杨浦），依托同济大学建设的上海自主智能无人系统科学中心、中国（上海）数字城市研究院、上海市人工智能社会治理协同创新中心，等等；2022 年同济大学获批建设“自主智能无人系统”全国重点实验室。这些平台既涉及人工智能理论、技术与应用领域，也涉及人工智能伦理、法律与治理领域，兼顾人工智能的技术属性和社会属性，面向智能社会发展开展学科建设和人才培养。同时，学校以人工智能赋能传统学科，推动传统学科更新迭代，实现多学科交叉融合，取得了一系列创新成果。在人才培养方面，学校获得全国首批“人工智能”本科专业建设资格，2021年获批“智能科学与技术”交叉学科博士点，建立了人工智能交叉人才培养新体系。

由上海市人工智能社会治理协同创新中心组织策划和资助出版的这套“人工智能伦理、法律与治理”系列丛书，聚焦人工智能相关法律、伦理、安全、治理和社会问题研究，内容涉及哲学、法学、经济学、管理学、社会学以及智能科学与技术等多个学科领域。我们将持续跟踪人工智能的发展及对人类社会产生的影响，充分利用学校的研究基础和学科优势，深入开展研究，与大家共同努力推动人工智能持续健康发展，推动“以人为本”的智能社会建设。

编委会

2022年8月8日

目　录

CONTENTS

前言

本书是一部基于中国当代设计学理论体系建构，从设计治理理论体系视角对人工智能设计进行全方位研究的专著，亦是一部个案式研究与建构中国式现代化设计学理论体系的专著，是“中国当代设计学体系建构研究”成果之一，还是我近二十年来从事的“中国理论创新工程”的又一成果。

本书旨在阐释为什么建构中国自主人工智能设计治理理论体系、什么是中国自主人工智能设计治理理论体系、中国自主人工智能设计治理理论体系的价值是什么。**全书的核心观点是：**中国自主人工智能设计治理理论体系是国家治理理论的一部分，也是社会设计学中设计治理的重要组成部分，有利于人工智能设计秩序的完善，对于解决中国自主的人工智能设计治理问题、建构中国当代设计治理理论体系具有重要价值。

本书包含总论、分论两大板块，共计十章。

首先，本书在总论篇中梳理设计治理的理论缘起、发展现状、当代价值，以及为什么需要构建中国自主人工智能设计治理理论体系。绪论“设计治理体系论纲”阐述设计治理的渊源、概念、体系与战略。第一章“基于社会设计学体系的数字乡村设计治理理论体系研究”阐述设计治理在数字乡村等社会新兴领域的创新应用与理论发展。第二章“中国自主人工智能设计治理理论体系基本问题”

梳理人工智能的发展进路、研究路径、治理路径，建构中国自主人工智能设计治理理论体系的基本框架。

其次，分论之结构篇界定中国自主人工智能设计治理理论体系的基础概念，建构中国自主人工智能设计治理工具系统，回答什么是中国自主人工智能设计治理这一问题。第三章“人工智能设计治理的基础概念体系”围绕智能设计、设计治理、中国自主等核心观点，层层递进地界定人工智能设计、人工智能设计治理、人工智能设计治理理论等基础概念。第四章“中国自主人工智能设计治理的工具系统”以设计治理的九大工具系统为范本，建构“规范管理类”“文化引导类”“技术评估类”人工智能设计治理工具系统。第五章“‘巫’与‘术’的碰撞：ChatGPT 与人工智能设计治理”讨论如何在我国本土化语境下应对 ChatGPT 等新兴人工智能技术的设计治理挑战。

再次，分论之建构篇对设计治理理论体系在当下具体人工智能领域的应用，提出设计治理理论体系的应用路径与价值。第六章“人工智能艺术设计治理”界定艺术设计、元艺术设计、艺术设计治理、人工智能艺术设计治理的概念，探讨人工智能艺术设计的治理问题。第七章“中国自主人工智能设计治理的数据治理问题研究”界定数据、大数据、数据治理等核心概念，旨在提升人工智能设计治理的公平性与适用性。第八章“传媒领域人工智能设计治理问题研究”考察当前传媒领域人工智能设计在内容产品的设计制造、产品本体、传播、审查维度方面的问题，提出全方位构建传媒领域人工智能设计治理活动系统的观念。

最后，分论之价值篇开展对人工智能设计治理问题的体系化探索，探索与提炼中国自主人工智能设计治理理论体系的时代价值。第九章“中国自主人工智能设计治理理论体系下的人机关系问题研究”从多学科交叉视角研究人机关系在不同时代的理论问题，探讨人工智能不同阶段的人机协作问题、人机共生问题和机体人用问题。第十章“大模型与中国自主人工智能设计治理理论体系研究”提出大模型在数据安全、数据质量等方面遇到的挑战，提出设计治理工具系统在大模型发展中的应用方式，探索大模型与手工艺设计学体系的建构问题和大模型与乡村人工智能设计治理问题的关联。

邹其昌

2023 年 12 月

总　论

绪论　设计治理体系论纲[1]

一、引言

自 20 世纪 90 年代以来，“治理”成为金融学、哲学、政治学、社会学和法学等领域高频次出现的概念，理论界对此展开了广泛的研究与探索。一时间，“共治”“法治”“国家治理”“社会治理”“城市治理”“企业治理”“数据治理”“IT 治理”“微服务治理”等成为众多研究者、管理者心中的理想。特别是有些发达国家率先提出了“少一些统治、多一些治理”甚至“没有政府的治理”[2]的政治变革主张。从企业治理、国家治理再到全球治理，全方位开展治理理念的实践化运动。

设计治理是国家治理的一部分，而且是优化、完善和理想的那一部分（即一种典型的治理形态），长期以来受到古今中外统治者和管理者的重视与应用，价值重大。由此，笔者在 2019 年 11 月决定将于 2020 年 6 月 18 日在湖南湘潭湖南科技大学举行的中国设计理论与

[1] 原文标题为：《理解设计治理：概念、体系与战略——设计治理理论基本问题研究系列》，参见《“设计治理”：概念、体系与战略——“社会设计学”体系研究论纲》，载《文化艺术研究》2021 年第 5 期。

[2] 参见［美］詹姆斯·N·罗西瑙主编：《没有政府的治理》，张胜军、刘小林等译，江西人民出版社 2001 年版。

技术创新问题学术研讨会——第四届中国设计理论暨第四届“中国工匠”培育高端论坛上拟定一个子议题——“设计治理理论与科技创新”。有待学术界对设计治理问题加以大力理论研究与探索，以期有效地服务社会和人类，构建美好的世界秩序，即人类命运共同体。

绪论将重点阐释设计治理的基本内涵和价值，包括设计治理问题的产生、设计治理的基本含义、设计治理的学科价值和设计治理的国家战略价值等。同时，绪论将笔者近期对设计治理问题的思考呈现于此，敬请方家不吝赐教。

二、从“垂衣裳而天下治”谈设计治理的渊源

在讨论设计治理问题之前，可以先参考历史上的设计治理应用案例。但限于研究进展，目前无法完整描述设计治理发展史，因此，我们仅能从一些现有的中国古代设计治理的案例进行讨论。

在讨论中国基本精神时，很多学者将“象”作为中国的原型思维，如王树人就专门著有《回归原创之思：“象思维”视野下的中国智慧》[1]等。在历史上，最能体现“象”的精神的，非《周易》莫属。《周易》及周易之学，常常有“义理”学、“象数”学之分。前者突出《周易》之哲学意蕴和形而上之意义，后者则突出《周易》的人类学、社会学、符号学、设计学等社会性实用性价值。从《易经》六十四卦之设计、结构、序列等，即可见设计治理的社会价值。同时，从《易传》的阐释，更可发现设计治理的远古人类社会秩序之建构意义，如《周易·系辞下》就有“八卦成列，象在其中矣”。此象像也，既是卦象，也是“天地之象”“生生之象”，还是人类创造人工世界的“和合之象”，更是人类创生设计之象。由

[1] 参见王树人：《回归原创之思：“象思维”视野下的中国智慧》，江苏人民出版社2020年版。

此，《周易 · 系辞下》依据其“制器尚象”原则和精神专门讨论了人类设计发展史的问题。[1] 尤其是“黄帝、尧、舜垂衣裳而天下治，盖取诸《乾》《坤》”，比较充分地表述了设计治理蕴含的应用价值。尽管有诸多经学家、历史学家、哲学家、易学家对“垂衣裳而天下治”作出过经典解释，但将其理解为一种通过“秩序的符号化”来实现人类“存在的秩序”（Order of Being）的设计治理方式还是具有可行性的。由此，“垂衣裳”的设计秩序（Design Order，设计秩序与社会秩序、政治秩序等并列，共同构成存在秩序系统。设计秩序，是一种以设计的方式，包括设计的结构、符号等要素而促进和建构的秩序系统。设计秩序主要包括视觉设计秩序系统、行为设计秩序系统和思维设计秩序系统等）可以看作是一种“天下治”的政治秩序（Political Order），“是参与普遍存在秩序的一种行为”。[2] 以“衣裳”的设计秩序来实现政治秩序的治理方式，也成为中国传统治理的常用方式，涉及包括衣裳的款式、色彩、材质等

[1]《系辞下》原文如下：古者包牺氏之王天下也，仰则观象于天，俯则观法于地，观鸟兽之文与地之宜，近取诸身，远取诸物，于是始作八卦，以通神明之德，以类万物之情。作结绳而为网罟，以佃以渔，盖取诸《离》。包牺氏没，神农氏作，斫木为耜，揉木为耒，耒耨之利，以教天下，盖取诸《益》。日中为市，致天下之民，聚天下之货，交易而退，各得其所，盖取诸《噬嗑》。神农氏没，黄帝、尧、舜氏作，通其变，使民不倦，神而化之，使民宜之。易穷则变，变则通，通则久。是以自天佑之，吉无不利。黄帝、尧、舜垂衣裳而天下治，盖取诸《乾》《坤》。刳木为舟，剡木为楫，舟楫之利，以济不通，致远以利天下，盖取诸《涣》。服牛乘马，引重致远，以利天下，盖取诸随。重门击柝，以待暴客，盖取诸《豫》。断木为杵，掘地为臼，杵臼之利，万民以济，盖取诸《小过》。弦木为弧，剡木为矢，弧矢之利，以威天下，盖取诸《睽》。上古穴居而野处，后世圣人易之以宫室，上栋下宇，以待风雨，盖取诸《大壮》。古之葬者，厚衣之以薪，葬之中野，不封不树，丧期无数。后世圣人易之以棺椁，盖取诸《大过》。上古结绳而治，后世圣人易之以书契，百官以治，万民以察，盖取诸《夬》(［明］来知德集注，胡真校点：《周易》，上海古籍出版社 2013 年版，第 328—333 页)。

[2] 参见［美］埃里克 · 沃格林：《以色列与启示（秩序与历史　卷一）》，译林出版社 2010 年版，第 2—3 页。

诸多设计或规范问题。例如黄色，在中国传统五色体系之中属于正色，只允许皇帝使用。

在《周礼》一书中，更是对设计治理展开全方位叙述。开篇即是“惟王建国”，建国是人类设计创造人工世界第二自然的标志或典型形态，是一个集大成式的“设计秩序”结构系统，是一个“政治秩序”系统，也是普遍的“存在秩序”系统的一个典范。在这个“秩序”系统中，设计治理发挥着关键性的作用，在阴阳五行思想的指导下，经由设计秩序的“辨方正位”“体国经野”（空间设计治理）的治理方式，进而通过政治秩序的“设官分职”的治理方式，从而实现存在秩序的“以民为极”（极，中也，令天下之人各得其中，不失其所）的统治目的。由此形成的“五服”设计秩序，成为中国传统社会统治的基本模式，在家族内部、家族与家族之间、家与国之间构建起农耕文明生活方式下的传统统治方式。

此外，器物设计治理也是中国传统社会统治的重要方式，如器物设计形制、数目、序列、体量，以及陈设方位等都是构成国家统治的重要设计治理方式。特别是风水影响下的设计秩序，延续了较长时间。

“垂衣裳而天下治”，既是人类走出自然、构建人类世界（人工世界）秩序的开始，也是设计治理创造人工世界，改善人类世界，服务人类社会，构建美好的人类命运共同体的开端。

三、设计即问题——设计治理与天下秩序

这一部分主要讨论我们为何要提出设计治理的问题，以及设计治理概念存在什么样的价值和意义？

众所周知，任何理论问题的提出，都必定有其现实根源和真实价值。设计治理的问题的提出也是基于设计实践活动中产生的现实问题。设计即问题，包含解决人类社会生活中的棘手问题，以及寻

求与探索世界秩序的问题，亦即当代美国设计理论家理查德·布坎南（Richard Buchanan）所谓的“设计思维中的棘手问题”（Wicked problems in design thinking）。更重要的是，设计即问题，亦即问题是设计存在与发展的本体，没有问题也就没有设计的产生。设计即问题，实际上是人的问题（生存、发展、创造等问题），主要包含如下几个方面：设计为何能产生、设计如何进行，以及设计目的是什么等。设计就是一种人类生存与发展的方式，不断解决人类发展中出现的各类具体问题，哪里有问题，哪里就有设计，哪里就有产生设计解决问题的场域，哪里就会有人类文明秩序的更新、优化与完善。设计一直处于遭遇“问题”，到探寻解决问题方式，再到实现一定目标的持续性的历史流之中——这也就是设计治理之流。

就设计产生的历史而言，设计是人类存在与发展的基本方式（是不同于其他动物的一点“灵明”——设计创新），设计是伴随人类的产生与发展的，是一种广义的设计。在此，设计即人类，人类的本质就是设计，人类史亦即设计史。在自然界无法完全满足人类的需要与发展的情况下，人类只能通过设计创造不断补充和满足人类的需要与发展，从而构建一个面向未来的更好地服务于人类生存与发展的第二自然——人工世界（人造世界），亦即设计的世界（Human-made world，Designed-world or Built-world）。总而言之，设计的产生及其本质就在于人类追求的天下秩序，构建人类命运共同体。

就现实生存与发展而言，人类一直处在不断“遇到问题—提出问题—探索问题—解决问题”的改善人类世界的活动之中。尤其是设计理论研究，重在提出问题并努力探索解决问题的路径，以期推进设计问题的解决。设计治理问题的提出与探讨，就是如此。设计治理成为人类发展的未来之路，设计治理的本质就是实现人类世界秩序性价值，也就是“天下治”的价值追求。

设计治理问题的提出主要有三大原因：当代设计学理论体系建设的需要、美好生活追求的需要和国家治理体系建设的需要。

（一）中国当代设计理论体系建构需要引入和研究设计治理问题

众所周知，设计是伴随着人类的产生而产生的，其历史悠久，一部人类史也是一部设计史。但与设计有关的针对性问题及其思考和研究则是近代才出现的，是伴随着工业文明的到来而产生和发展的。据考证，设计学研究产生于18世纪中期（与经济学、美学等现代学科同时产生）的英国，而且一直隶属于艺术或美术等学科。直到1998年，设计学科才出现在中国教育部的学科目录之中（文学门类——艺术学——艺术设计或设计艺术学）。2011年艺术学升格为门类，设计学升格为一级学科。虽然有了设计学的名义，但设计学的核心建设依然需要设计学界开展全方位长期且系统的考察、实践与研究，努力构建中国当代设计理论体系，为当代世界设计学术事业和中华民族的伟大复兴而努力。

国外对于设计治理有所研究，如英国学者马修·卡莫纳、克劳迪奥·德·马加良斯、露西·纳塔拉扬（Matthew Carmona, Claudio de Magalhães, and Lucy Natarajan）所著《城市设计治理》[1]（*Design Governance—The CABE Experiment*）以建筑与建成

[1] 该书聚焦的建筑与建成环境委员会（CABE），是基于英国国家政府认可参与并辅助各级政府开展城市设计管理工作的全国性非政府公共组织。该书分为五部分，共十二章。第一部分，简要介绍本书的写作背景和行文结构以及“设计治理”的理念，即“通过重塑国家许可前提下多元主体介入设计控制的方式和过程，使建成环境符合公共利益”。第二部分，从理论层面诠释设计治理理念的起因、定义和实现路径，并对当前英国设计控制领域的正式与非正式治理工具进行归纳。第三部分，回溯设计治理在英国的发展进程，其经历了1924—1999年“皇家艺术委员会（RFAC）”的狭义管理时期、1999—2011年“建筑与建成环境委员会”的广义治理时期和2011—2016年经济衰退中的治理倒退时期。其中着重回顾了非政府公共组织建筑与建成环境委员会在短短十余年中的快速发展历程，及其对（转下页）

环境委员会（CABE）为中心，对设计治理理论及其实践问题进行了探讨，包括设计治理的概念内涵、治理工具等。如果能在中国提出并加以系统思考与研究，无疑将为中国当代设计理论体系的建构带来重大理论价值和实践意义。

设计治理主要属于设计产业理论研究领域，也就是社会设计学研究领域，涉及设计学内在的理论系统与实践系统的互动，还涉及设计学的外延问题，包括设计行为与社会生活、社会实践、社会空间、社会发展等相互联系的问题。

（二）创建与追求美好生活需要设计治理的赋能

美好生活，包括两个基本方面：美的生活和好的生活。所谓美的生活，指符合美的规律创造出来的生活方式与样态，是一种物质文明和精神文明高度统一的状态，更多指向一种高品质生活状态。而所谓好的生活，是指当代社会发展的和谐秩序和方向，更多指向一种富足生活状态。美好生活是人类高品质社会生活的重要部分。

在现实生活中，存在着大量不尽如人意的不合理的设计产品，“十大最丑建筑”之类的事件层出不穷，这些事件充斥着人们对当代生活中各类无序的不满情绪和评价。

当然也有各种“好设计”的评选活动，各类美化生活的活动解决了衣食住行等基本方面的社会生活问题。由此可见“设计治理”

（接上页）英国空间环境改善产生的非凡意义。第四部分，结合具体实践经验，依据介入设计控制的深浅程度详细剖析建筑与建成环境委员会的五类非正式治理工具，包括证明工具、知识工具、提升工具、评价工具和辅助工具，以及归属这五类的十五种具体细分工具。第五部分，反思并总结建筑与建成环境委员会的实践对设计治理这一新兴领域的长远影响，以及为进一步推动设计治理发展所留下的宝贵遗产，并对该领域的未来做出展望。该书对城市设计管理与实施领域的前沿进行了相对全面的研究与经验介绍，为城市规划设计人员、城市规划理论与建筑理论及历史研究人员，相关专业在校学生、相关学者、有意愿通过改革形成新型设计治理体系的国家政府机构等提供经验借鉴。该书中译本书名为《城市设计治理》（唐燕等译，中国建筑工业出版社 2020 年版）。

也成为赋能美好生活创造、发展的重要手段。

2020年年初新冠肺炎疫情暴发，“设计治理”问题立刻成为设计学科建设与发展的前沿性的核心问题。当前国家治理体系的现代化、城市治理的微细方式、数字治理、新乡村建设与治理和社区治理系统等问题都涉及设计治理问题，具有现实意义。

在笔者的倡导下，在2020年9月18日中国设计理论与技术创新问题学术研讨会——第四届中国设计理论暨第四届“中国工匠”培育高端论坛中，与会学者围绕设计治理问题展开了广泛的讨论和有益的探索。这些讨论概括来讲涉及设计治理的理论和实践两个维度。理论维度，主要尝试探讨设计治理理论中的一些基本内涵问题，包括设计治理的概念、基本含义、基本特征等。比如，南京林业大学李青青在翻译了英国学者马修·卡莫纳、克劳迪奥·德·马加良斯、露西·纳塔拉扬所著《城市设计治理》相关内容的基础上，对设计治理本体问题展开探讨。在对其设计治理的概念内涵、治理工具作了介绍和分享的基础上，从设计治理的目标、工具、过程三个维度对生态文明建设作了进一步阐述，一方面提供了理解生态文明建设的另一种视角，另一方面也说明尽管设计治理作为一种学术概念的研究比较滞后，但是作为一种事实，设计治理实际上已经在运作。实践维度，设计已介入城市改造、乡村治理、美化生活等诸多方面。比如，东南大学徐习文探讨了设计治理中的乡村建设领域，突出乡村建设中的服务设计与乡村体验。这种探索突破了乡村复兴探索存在的共性问题，即规划设计是以设计师为主导、以“物件中心”取向的乡村设施、以乡貌美化的思考范式，转向一种为乡民的个人经验、身份认同、文化历史记忆的乡村体验提供差异化、个性化的解决方案。徐习文的探索尽管没有聚焦“设计治理”这一关键词，但其实践本身就属于一种设计治理探索活动。同时，湖南科技大学王沈策在分析国内城市群铁路的特点、现状与演变趋势的基础上，重点解析长株潭“3+5”城市群铁路在湖南经济建设、社会发展中的作用与价值，城市群铁路形象塑造与设计实际上也属于设计治理关注的城市设计领域的重要内容。此外，还有几位学者对疫情后设计角色、价值等开展反思，这种专注健康、救急等方面的设计研究实际上也是设计介入医用领域，协助解决生命健康问题的重要表现。可以看到，围绕设计治理问题，学者已经从不同的视角与维度，作出了初步的探索与回应。[1]

总体来看，我国设计治理问题的研究目前处于空白阶段。同时，对于其的关注也只是停留在对国外相关研究的介绍上，基于本土背景和环境的探索还未开展。但是设计治理作为社会设计学的核心内容，是建构中国当代设计学体系所必须关注的重要部分，它与人类生存、生活息息相关，是设计介入社会，构建美丽中国、美好生活无法绕开的议题。因此，对其展开研究具有重大的理论与现实意义。美好生活的创造不只是设计创新，更在于设计治理的赋能。

（三）来自国家或人类未来发展的需要

进入 21 世纪以来，中国加快了高水平对外开放的步伐，随着经济大国地位的凸显，国家治理能力现代化在中国未来的发展中起到关键的作用。

人与自然的和谐发展，人与社会的相辅相成，是人类未来发展和国家发展的基础和前提条件。

环境污染、资源匮乏以及贫富差距，给人类带来新的挑战和抉

[1] 参见邹其昌主编:《中国设计理论与技术创新学术研讨会——第四届中国设计理论暨第四届全国“中国工匠”培育高端论坛论文集》。另见《加强设计治理理论研究，大力推进社会文明建设》，中国社会科学网，http://kxghw.hebnews.cn/skdt/2020-10/13/content_8146543.htm。李青青:《中国设计理论与技术创新学术研讨会——第四届中国设计理论暨第四届“中国工匠”培育高峰论坛在湖南召开》，载《创意与设计》2020 年第 5 期。

择。人类社会秩序的维护与治理，主要包括理性的国家治理和自然性的市场机制两大维度。国家治理追求的是人类命运共同体长期性和整体性利益价值最大化的系统模式，立足当下，更面向未来，全面提升人类生存与发展质量，构建美好的世界秩序。市场机制虽然可以更大范围调动社会资源，但在制度规范的真空时期（无政府时期），市场的狭隘性和短期性特征不言而喻。在过度的市场竞争中，市场只从短期利益出发分配资源并追求明显金融价值的最大化，而不会考虑那些长远的没有明显金融价值的东西，譬如空气和水的纯度或者我们的生活质量等问题。[1]

而设计治理更多地是追求人类发展长期性和整体性的美好秩序的建构，是国家发展的重要工作机制。

四、设计即治理：设计治理的基本内涵

设计治理是治理的一部分，而治理则一直体现在人类文明的发展中。同时，设计就是一种治理方式，亦即设计即治理。实际上，设计或治理，都有广义和狭义之分。广义的设计即是治理，广义的治理即是设计。设计治理的内涵有几个基本方面：设计的治理和治理的设计及其两者的互动生成与发展问题。设计的世界是一个人工世界，人工世界的建构过程就是一个不断发展、完善和传承的治理过程，设计的世界—人的世界（人造世界）是人类一直追求的一种经过设计治理的高品质的美好生活世界。从一定意义上讲，治理是设计的内在本质，也是设计优化的本质，设计和治理就是一种内涵性事物，亦即设计治理本质上是一种善治。但要理解设计治理，还是有必要先理解治理问题。

[1] 参见［英］马修·卡莫纳、克劳迪奥·德·马加良斯、露西·塔纳拉扬：《城市设计治理》，唐燕等译，中国建筑工业出版社 2020 年版，第 19 页。

（一）理解治理——治理系统概述

关于治理理论研究状况，学术界主要围绕治理的基本含义、基本特征、基本功能、基本方法、社会理想等方面展开。

众所周知，“治理”（Governance）和“统治”（Government）一样，是人类生活世界中管理（Management）机制设计及其整体过程的基本方式。一般而言，“统治”是通过指令来管理，而“治理”是通过自组织网络来管理。[1] 面对人工世界的秩序建构，“治理指的是自组织的组织间网络，其特点是（组织间的）相互依赖、资源交换，博弈规则，即不受政府制约的显著自主性”。[2] 治理的对象是人，治理的目标是人与人的和谐、人与社会的秩序，治理的核心工作对象是某一特定范围的人群构成的共同价值体系（国家），而国家则体现出不同人类群体的和谐秩序和价值追求（存在秩序）。因此，国家治理是治理这一主题中的核心问题。国家治理不只是政府治理，还是包含政府在内的各种利益集团、组织机构等联合体之间协商而达成某种目标的管理过程。

在治理的各种定义中，全球治理委员会的表述具有较强的代表性和权威性。该委员会于 1995 年对治理作出如下界定：治理是或公或私的个人和机构经营管理相同事务的诸多方式的总和。它是使相互冲突或不同的利益得以调和并且采取联合行动的持续的过程，它包括有权迫使人们服从的正式机构和规章制度，以及种种非正式安排，而凡此种种均由人民和机构或者同意，或者认为符合他们的利益而授予其权力。它有四个特征：治理不是一套规则条例，也不是一种活动，而是一个过程；治理的建立不以支配为基础，而以调

[1]［英］H.K. 科尔巴齐：《治理的意义》，载《治理理论与实践》，王浦劬等编译，中央编译出版社 2017 年版，第 5 页。
[2]［英］R.A.W. 罗兹：《理解治理》，丁煌等译，中国人民大学出版社 2020 年版，第 15 页。

和为基础；治理同时涉及公、私部门；治理并不是一种正式制度，而是有赖于持续的相互作用。[1]

治理，可以理解为“治国理政”的简称，是指为了国家政府制定和执行政策的能力，包含与统治相关的所有制度与关系领域[2]，涉及三大核心要素，即治理主体（谁治理）、治理机制（如何治理）和治理效果（治理得怎样）的有机、协调、动态（过程）和整体的系统逻辑体系建构[3]。治理的理想状态为善治（Good Governance）。

（二）设计治理即善治

设计治理，是国家治理的一种方式，主要是以设计的方式介入或融入国家治理之中。

设计治理，有多种维度的理解：其一，对设计自身的治理行为或方式；其二，对设计消费者或使用者的治理方式；其三，对设计实施者的治理方式；其四，对设计相关标准或政策的治理方式；其五，对设计的无形性的治理方式；其六，对设计的有形性的治理方式等。设计治理，是开放式治理（Open Governance）和闭环式治理（Closed-loop Governance）的统一体，也是无形治理和有形治理的联合体，还是一种精神性（心理结构）、物质性（生理结构）和文化性（社会结构）相统一的治理方式，更是一种本体结构性和价值过程性融为一体的治理方式。

就设计治理的内在结构而言，主要包含两大基本结构或系统，即设计系统（Design System）和治理系统（Governance System）。

设计系统是一个十分庞大的结构系统，既有自生性设计系统

[1] 参见俞可平：《治理与善治》，社会科学文献出版社2000年版，第270—271页。
[2] 参见［瑞典］乔恩·皮埃尔、［美］B. 盖伊·彼得斯：《治理、政治与国家》，唐贤兴、马婷译，上海人民出版社2019年版，第1页。
[3] 参见俞可平：《走向善治》，中国文史出版社2016年版，第105页。

（Self-design System），设计内部各环节、各子系统的相互关系问题，也有他生性设计系统（Heteronomy-design System），设计系统运行的各种必要条件，以及设计系统实施空间问题，还有互生性设计系统（Intergrowth-design System），设计系统处于不断生成发展之中，亦可称“设计宇宙系统”（Designvers System）。就设计自系统而言，就有设计技术系统、设计人文系统、设计工程系统、设计知识系统、设计对象系统、设计产业系统、设计材料系统、设计思维系统、设计方法系统等。设计环境（社会）系统包括设计政策系统、设计标准系统、设计战略系统、设计地质系统、设计氛围系统、设计民俗系统、设计价值系统、设计气候系统等。设计传播系统包括设计教育系统、设计行为系统、设计交换系统等。

治理系统同样是一个极其庞大而复杂的结构系统。宏观治理系统（Macro-governance System）包括全球治理系统、国家治理系统、区域治理系统、关系治理系统及数据治理系统等；中观治理系统（Meso-governance System）包括行业治理系统、职业治理系统、组织治理系统、城市治理系统和乡村治理系统等；微观治理系统（Micro-governance System）包括社区治理系统、企业治理系统、交通治理系统、职能行为治理系统、个体行为治理系统、空间治理系统和微服务治理系统等。

依据治理系统的基本结构，设计治理系统（Design Governance System）大致可分为宏观设计治理系统（Macro-Design Governance System）、中观设计治理系统（Meso-Design Governance System）和微观设计治理系统（Micro-Design Governance System）。同时，依据复杂性理论，设计治理又是一个多维度多视角互动过程，是既有设计的治理（Governance by Design），也有治理的设计（Design by Governance），还有设计治理中的设计与治理（Design and Governance in Design Governance）的庞大交互系统工程（详见后文)。

设计治理是一种善治。好的设计，合理的设计，或者品质设计等，一直是当代设计师所应追求的价值目标和精神境界。而好的设计，也就是善的设计，是一种能体现“善治”甚至能实现“善治”的一种设计，是一种在消费使用设计产品(有形的或无形的)过程中所自然实现的合理化、秩序化和审美化的善意设计(善治的设计，Design for Good Governance)。

就设计治理概念的内涵而言，设计治理与规范、标准、利益、美学、品质等相关。就中国传统设计治理资源而言，设计治理与道、设计治理与人、设计治理与事、设计治理与物、设计治理与技、设计治理与艺、设计治理与工、设计治理与法、设计治理与和、设计治理与情、设计治理与善、设计治理与乐等，都有待于系统展开研究与探索。

(三)设计治理与设计统治、设计管理、设计创新的关系问题

一般而言，管理包含着统治和治理两个基本方面。也就是说，统治是一种管理形式，治理也是一种管理形式。只是统治不同于治理，统治注重管理过程的自上而下单向性的权力控制与监管(强制性)，而治理则注重管理过程的多元互动与协同性适应与妥协(协商性)。

设计治理与设计管理的关系，主要有两个方面：其一，设计治理和设计管理的一致性，设计治理隶属于设计管理。其二，设计治理区别于设计管理，设计治理是一种设计管理，但设计管理不一定是设计治理。

设计管理重点在于设计行为的管控与监督，突出的是权力效应，涉及诸多的自上而下或强势单向性的控制和监管。社会事务中，特别是公共事务中，在一定的空间和时间内，可能要使用设计管理的方式控制相关设计行为。例如，湖北荆州关羽巨型雕像遭拆除和迁移到他地的处理事件[1]，就属于设计管理领域。这个意义上的设计管理，实际上属于设计统治领域，突出的是国家行政权力的干预或控制。

设计治理重点在于设计行为的协同与优化，突出的是协商效应，涉及诸多公共利益的多元互动和妥协。尽管设计治理对社会事务具有社会批判性质的干涉，但不具有行政或统治权力所执行的实际控制或制裁性质。

设计创新与设计治理关系，一般而言，设计创新在于改变世界。创新的实质就在于突破当下惯性的思维和观念，创造新形势下的设计生存方式以改变世界。改变世界的过程也本质性地内含设计治理，即对旧有的设计缺陷或不足之处，进行一定范围的改良或完善。设计治理在于改善世界，以实现“设计创新”的真正价值与目的（正价值，而非负价值）。应该说，设计治理就是设计创新，而且是本质意义的创新。因此，设计治理就是在创新中优化完善的机制。

五、设计治理即体系：设计治理与设计理论体系建构

如前所述，设计有广义和狭义之分，广义的设计即人类创造的

[1] 参见《天道好轮回，荆州大意失关羽，耗资15亿的关羽雕像或遭拆除》，搜狐新闻，https://www.sohu.com/a/424387312_120833844。10月8日，国家住房和城乡建设部发布最新通告，湖北省荆州市的巨型关公雕像项目被叫停，原因是这一尊关公雕像属于违规建筑，破坏了荆州市古城的文化血脉。据了解，这尊巨型关羽雕像位于湖北荆州关公义园，占地228亩，耗资15亿，雕像重达1200吨，高达57.3米，就连关羽手中的青龙偃月刀都长达70米，重达136吨，堪称“全球最大关羽雕像”……巨型关羽雕像位于湖北荆州关公义园，相信大部分人都知道《三国演义》中“关羽大意失荆州”的历史典故，荆州对于关羽而言是一个特殊的存在，这里是他带兵10年生活的地方。在这里建关公义园，打造独一无二的关羽文化本无可厚非，但是巨型关羽雕像出现的效果却不尽如人意。从设计角度看，关羽雕像与周围环境格格不入，雕像过于庞大，与周边的护城河等自然景观不合，同时也与“荆州文化古城”的历史文化传统相悖。

一切思维与行为，设计即人类。狭义的设计，则是指有别于科学、技术、艺术人类的一种生存方式。同样，设计治理体系也有广义和狭义之分。一般而言，广义的设计治理体系是设计理论体系，狭义的设计治理体系则是社会设计学体系的主要构成部分。本部分使用狭义上的“设计治理体系”。

那么，作为体系的设计治理，基本结构主要有三大方面：设计治理与人类文明体系、设计治理与人类设计体系和设计治理自身体系。

设计治理体系与人类文明体系的关系问题，可以从极其广泛的领域展开思考和研究，在此仅作提示。一般而言，人类文明体系有三大主体：知识、信仰及伦理道德。而设计治理体系作为人类文明体系的建构部分，亦可分作三种类型：知识设计治理体系、信仰设计治理体系和伦理道德设计治理体系。具体而言，设计治理体系的建构与研究有诸多视角或维度，如作为设计体系的设计治理体系、作为技术体系的设计治理体系、作为工程体系的设计治理体系、作为社会体系的设计治理体系、作为文化体系的设计治理体系、作为人文体系的设计治理体系、作为生态体系的设计治理体系、作为发展体系的设计治理体系、作为政治体系的设计治理体系、作为经济体系的设计治理体系、作为制度体系的设计治理体系、作为信仰体系的设计治理体系、作为美学体系的设计治理体系、作为生命体系的设计治理体系、作为生活体系的设计治理体系、作为语言体系的设计治理体系和作为算法体系的设计治理体系等。在此，本章主要探讨设计治理体系的基本问题、设计治理体系与设计理论体系建构问题、设计治理体系与社会设计学体系问题等。其重点和难点是探讨和研究设计治理体系的基本结构、基本形态和基本工具的问题。

（一）设计治理体系与当代设计理论体系建构问题

设计是人类一种基本生存方式，既是一种具有人的本质特征的实践性创造性活动方式，也是人类创造智慧的结晶，更是人类文明世界的构成要素。虽然设计具有如此意蕴，但作为一门学科，作为一种系统探索“设计”的科学研究活动——设计学（Designology）或设计科学（the Science of Design）的出现，则是近期的事。也就是说，设计的历史悠久，与人类发展和人类文明发展相伴，但设计学的历史则很短暂，才刚刚开始。

一般认为，“设计科学”（the Science of Design）的概念是由美国科学家、诺贝尔经济学奖获得者、“人工智能之父”赫伯特·西蒙（Herbert A. Simon）[1] 在其《人工科学》（*The Sciences of the Artificial*）一书中提出的。他将设计科学作为建构和探索人工科学复杂性系统的核心问题加以探讨与研究，对设计科学的建构与发展具有重大的历史价值。由此，设计科学成为与科学学、技术科学相并列的又一基本科学维度（亦称为“第三种科学”），更重要的是开创了探索设计自身的存在方式问题的向度。

在西方，“设计学”（Designology）的概念首次出现在沃伊切赫·W. 加斯帕斯基（Wojciech W. Gasparski）和图凡·奥雷尔（Tufan Orel）编辑的《设计学——行为规划研究》（*Designology: studies on planning for action*）一书中。此书是一本论文集，第一部分“设计学的观念”由五篇文章组成，分别为“设计学的概念”“设计学或设计科学的再认识”“早期现代设计学”“设计学和技术学”，以及“美学与政治学之间的设计反思”。此书对“设计学”研究具有开拓意义。

[1] Herbert Alexander Simon，中文名“司马贺”，1916—2001 年，研究工作涉及经济学、政治学、管理学、社会学、心理学、运筹学、计算机科学、认知科学、人工智能等广大领域，并作出了创造性贡献，1978 年获得诺贝尔经济学奖，1975 年获得图灵奖。致力于中美学术交流的工作，1985 年被聘为中国科学院心理研究所名誉研究员，1995 年当选中国科学院外籍院士。

如前所述，2011年我国学科结构调整，“设计学”首次成为一级学科，由此，设计学开始承担人类创新教育及其研究的系统工程，大力开拓人类未来。

然而，设计学虽然被创建起来，但仍然处于起步阶段，当代设计学体系的研究与建构才刚刚开始，很多问题亟待系统探索与体系建构研究。笔者认为当代设计理论体系构建至少包含三大基本板块：基础设计学（元本设计学）、实践设计学（应用设计学）和产业设计学（社会设计学）。基础设计学——本体与方法——生命景观中的设计创造；应用设计学——技术与世界——世界建构中的设计存在；社会设计学——资本与治理——社会环境下的设计行为。[1] 设计治理体系与当代设计学体系建构具有极大的内在一致性和互动生成性。

（二）设计治理体系与社会设计学体系

设计治理体系与社会设计学体系问题是一个新兴的理论问题，更是一个设计社会实践的重大课题，有待深入系统研究。在此仅就社会设计学体系的几个基本方面作些解说。

社会设计学体系是设计学体系的组成部分，是整合基础设计学体系和应用设计学体系进而走向生活世界，有效服务社会生活，改善社会生活，创造新型社会生活方式，构建美好和谐生活世界的设计理论系统。

社会设计学的基本形态主要有社区设计学、区域设计学、国家设计学，以及人类共同体设计学等。

社会设计学体系建构的基本范畴，依据目前的研究，主要有

[1] 我曾经也有另一种表述：基础设计学——元本设计学：设计理论、设计历史和设计批评；实践设计学——应用设计学：设计材料、设计技术和设计工程；产业设计学——社会设计学：设计资本、设计治理和设计世界。关于设计理论体系建构问题，自2004年以来，我一直处于思考、探索和不断更新之中，特别是相关概念的甄别与选定，以及面对复杂设计世界而对设计理论术语的不断补充、独创与完善。理论研究的基础就是观念和术语创造。

两大核心范畴：设计资本和设计治理。一般而言，社会设计学体系建构基本范畴的确立都是基于设计产业——设计市场而展开的，其中设计资本范畴的内涵在于设计驱动社会创新，改造社会，实现设计价值的内生性增长（Endogenous Growth）系统建构问题。设计治理范畴的基本内涵则在于设计完善社会创新、改善社会，以实现人类福祉的最大化系统建构问题。也就是说，设计治理是设计社会学的核心概念，主要探讨设计行为的动机与结果及其相关问题。

（三）设计治理体系基本结构

作为社会设计学体系建构的基本范畴，设计治理体系的基本结构是设计治理体系的核心内容。设计治理体系的基本结构主要有以下核心要素：

1. 设计治理的主体要素

设计治理的主体与设计治理的对象相对应而产生的内在互生要素。设计治理的主体是指为了实现某一设计目标而进行设计治理的过程中的实施者或执行者。设计治理的主体是多元性的结构系统，既有设计师，也有政府机构，还有其他社会机构或成员等。设计治理主体具有不确定性的特征，因时间、空间，以及社会设计问题的复杂性因素，设计治理主体会发生一定的变化或转化，如设计治理主体和设计治理对象之间的转化等。

2. 设计治理的对象要素

相对于设计治理主体而存在，设计治理的对象是指为了实现某一设计目标而进行设计治理的过程中的承受者或被执行者。设计治理的对象也是多元的，既有设计师，也有设计品（包括有形设计品和无形设计品），还有设计机构或管理部门等，一切不利于社会秩序的“设计失灵”“无效设计”“糟糕设计”等行为或结果都属于设计治理的对象。

3. 设计治理的流程

就设计治理的性质而言，设计治理是过程性的（Processing）、建构性的，不是一次性的。因此，实施设计治理需要一定的时间和空间，更多的是花费时间实现空间秩序的转型与完善，基本流程包括以下几个主要方面：设计调研、设计评估、设计政策、设计干预、设计监管、设计改善、设计激励和设计目标等。

（四）设计治理工具体系

众所周知，设计学是一门实践性较强的学科，而以设计治理为主体的社会设计学则是设计学实践性质的集中体现，设计治理工具体系又是其聚焦点。设计治理工具体系与设计治理的“过程性”“建构性”特征直接相关，注重具体的可操作性价值，解决一定时间、空间的具体事件问题。当下流行的服务设计，就属于设计治理工具体系范畴。由此，设计治理工具具有一定范围的“可复制性”的“共性”（工具、模式等），但更多的是具有“场所性”“在地性”“当下性”等“个性”。因此，借助相关研究，尝试性地提出设计治理工具体系问题，以期对社会设计学体系建构作出探索。

关于“设计治理工具”问题，英国学者在其所著《城市设计治理》一书中有较多的建设性的探索与研究。“设计治理工具”及其“工具库”成为该书的主体，占据全书的大部分篇幅，也是最有价值的部分。首先在“理论”部分（第二章），阐述了“设计治理工具”问题。此章将设计治理工具分为“正式”和“非正式”两种基本类型。“正式”工具有三种：指导（设计标准、设计准则、设计政策和设计框架）、激励（补贴、直接资助、过程管理和奖励）和控制（开发商贡献、采用、开发许可和批准）。“非正式”工具有五种：证据（研究和审查）、知识（实践指南、案例研究和教育 / 培训）、促进（奖项、活动、倡议和伙伴关系）、评估（指标、设计审查、认证和竞赛）和辅助（资金辅助和授权辅助）。[1] 而在全书的第三部分，以“建筑与建成环境委员会”为案例，较为系统地探讨了“非正式”设计治理工具库问题。[2]

基于上述研究成果，结合中国当代社会现实（国情），笔者尝试提出以下设计治理工具体系框架：

其一，设计治理法规工具系统，指在法律法规的框架内所执行或实施的设计治理手段或方式。依此法规工具，具体展开设计治理活动。法规工具包括国际公约、国家宪法、国家和地方等各类法律规定，特别是为设计行为方式而专门制定的法律法规等。

其二，设计治理政策工具系统，指针对一定时期的某一国家事务问题制定的相关政策，基于相关政策而进行的设计治理活动。政策和法规相比，具有时效性（临时性）特征。

其三，设计治理习俗工具系统，指设计治理过程中社会习俗工具性价值问题。设计行为因社会习俗的差异而有所变化，设计治理同样注重社会习俗工具的应用。社会习俗工具，更多地体现出设计治理文化工具特征，一种约定俗成的有别于（或超越于）法律法规政策的制约因素。面对全球化加速向前，中国的设计治理习俗工具系统更多地体现在中华民族精神价值追求之中。越是中国的，也越是世界的。

其四，设计治理技术工具系统，指设计治理过程中技术工具系统价值问题。技术，向来都是衡量人类进步的一种标志工具。技术，是人类意义世界建构的基础或结果。技术的出现，体现着人类对世界掌握的程度，更是人的本质力量的显现。当然技术也会因使

[1] 参见［英］马修·卡莫纳、克劳迪奥·德·马加良斯、露西·纳塔拉扬：《城市设计治理》，唐燕等译，中国建筑工业出版社 2020 年版，第 29—63 页。

[2] 马修·卡莫纳、克劳迪奥·德·马加良斯、露西·纳塔拉扬：《城市设计治理》，唐燕等译，中国建筑工业出版社 2020 年版，第 139—229 页。

用者的差异，出现积极建设性或消极破坏性的不同社会作用。设计治理技术工具系统，既要正确引导技术工具的建构性价值，同时也应规避技术工具的破坏性恶果。如今，大数据设计治理问题、数字设计治理问题、微服务设计治理问题等都属于此类。

其五，设计治理评估工具系统，指在设计治理过程中评估工具性价值问题。评估问题涉及设计标准、设计知识和设计调研等核心问题，特别关注社会发展的人类或国家需求问题。设计治理评估工具系统的目标应该是体现人类长远性价值和意义，生态原则是其重要的原则。

其六，设计治理舆论工具系统，指设计治理过程中的社会舆论工具的价值性问题。舆论问题，是一个综合性问题，法规性、政策性、习俗性和技术性（特别是技术伦理问题）等都与舆论工具相关，舆论工具也是设计网络治理的重要体现。舆论工具也有正面性和负面性不同的价值取向，设计治理舆论工具应充分利用其舆论工具的正面性价值，服务社会发展和建构合理社会秩序。良好的设计治理舆论工具的应用，是一种善治的推动器，更是一种美好生活世界建构的推动者。

其七，设计治理激励工具系统，指设计治理过程中激励工具性价值的问题。如前所述，治理的实质是人的治理。激励，也是对人的激励，涉及对设计行为中各类利益群体的评估和奖惩等问题。

其八，设计治理控制工具系统，指设计治理过程中控制工具价值性的问题。设计治理控制工具主要有两种基本类型：计划性控制工具和市场性控制工具。一般而言，计划性控制工具主要用于以国家政府行政为主导的设计治理活动，突出国家利益与长效机制，更能体现设计治理的价值。市场性控制工具则主要用于以市场规律调控为主导的自由主义性质的设计治理活动，突出短期市场价值利润或短期效应。两种类型各有利弊，相互促进。

其九，设计治理知识工具系统，指设计治理过程中知识工具价值性的问题。设计知识问题，既指设计师所拥有的设计知识问题，也指公共事务中社会设计知识问题，也就是社会公民设计知识问题。为构建一种有序的公共设计环境，不仅设计师必须拥有合理有效的设计知识工具，而且享受设计环境的社会公民也应该拥有同等性质的设计知识工具，从而最大限度地实现各利益关系群体的共同价值，同时也充分实现设计治理的目标。

当然，在设计治理过程中，存在的远远不止这几种工具，而是会依据设计的特性具体创造和使用更多的独特的设计治理工具，展开有效的设计治理活动。

（五）设计治理的基本领域和类型

设计治理的基本领域主要有空间设计治理体系、技术设计治理体系、工程设计治理体系和艺术设计治理体系等。

设计治理的基本类型主要有有形设计治理、无形设计治理、协同设计治理、网络设计治理和综合设计治理（如城市设计治理、乡村设计治理、社区设计治理等）。

上述内容只是简要地勾画了设计治理体系的基本问题与核心要素。

六、设计治理即战略：设计治理与国家发展战略

如前所述，“垂衣裳而天下治”突出了设计治理的本质是国家治理，充分体现人类未来发展的需求，注重设计服务人类的长效机制，构建美好生活世界秩序。从一定意义上说，设计治理即战略，设计治理即国家战略，国家战略即人类社会秩序体系建构的代表，设计治理是国家治理、全球治理的核心要素或方法。

国家战略是设计治理的内在驱动力和核心标准，国家发展战略也自然成为设计服务的核心内涵。正因为如此，设计治理有利于国

家政治秩序、经济秩序和文化秩序的建设与发展，有利于国家治理体系的现代化建设等。

当前实施的国家发展战略，诸如乡村振兴发展战略、生态文明建设等，都需要设计治理有效展开，使设计赋能，设计创造美好生活。

绪论只是设计治理问题思考的开始，是一个设计治理理论体系论纲，有待于深入系统开展理论研究和更广泛的设计治理实践活动的应用与创新。

第一章　基于社会设计学体系的数字乡村设计治理理论体系研究

一、引言

自 2017 年党的十九大报告提出“乡村振兴战略”以来，学术界展开了对乡村振兴的主体、对象、方法、要素、媒介和流程等各维度的探索与实践。随着数字技术的不断优化与升级，数字技术与乡村振兴的结合日益深入，孕育了“数字乡村”这一新的乡村振兴概念，为乡村振兴带来了新活力。

2018 年中央一号文件《中共中央　国务院关于实施乡村振兴战略的意见》明确提出，在乡村振兴战略基础上，实施数字乡村战略。[1] 2020 年中央一号文件《中共中央　国务院关于抓好“三农”领域重点工作确保如期实现全面小康的意见》要求“开展国家数字乡村试点”。[2] 2022 年中央网信办等十部门印发的《数字乡村发展

[1]《中共中央　国务院关于实施乡村振兴战略的意见》，中华人民共和国农业农村部官网，http://www.moa.gov.cn/ztzl/jj2020zyyhwj/yhwjhg/201902/t20190220_6172168.htm，访问时间：2022 年 7 月 1 日。

[2]《中共中央　国务院关于抓好“三农”领域重点工作确保如期实现全面小康的意见》，中华人民共和国农业农村部，http://www.moa.gov.cn/nybgb/2020/202002/202004/t20200414_6341529.htm，访问时间：2022 年 7 月 1 日。

行动计划（2022—2025年）》指出，到2025年，“乡村数字化治理体系日趋完善”。[1]

本章是设计治理理论体系个案性研究——聚焦数字乡村设计问题，展开其设计治理理论体系的探索与研究。数字乡村设计是数字主体、数字客体和数字媒介等多要素的集合体，已成为乡村设计与建设的必然趋势。数字技术所构建的崭新社会生活空间，为乡村年轻用户提供分享观点与价值观的空间[2]，亦为他们提供了参与乡村设计的平台。然而，在为乡村振兴提供了多元的数字化手段的同时，数字乡村设计亦带来了数字基础设施建设滞后、数字鸿沟难以弥合，以及数字乡村治理体系尚不完善等更为复杂而多维的数字乡村治理问题。数字乡村治理，已经成为乡村振兴语境下亟待解决的新课题。当前，数字乡村治理包含“对乡村的数字治理”“数字乡村的治理”“数字乡村的数字治理”等维度，正不断扩展主体、对象与流程。但是目前的数字乡村治理尚未解决数字乡村设计的碎片化这一关键问题，未构建起完善的治理体系。

作为社会设计学体系下的跨领域治理方式，设计治理旨在实现人民对于美好生活的追求，其为解决数字乡村设计的碎片化问题、统领数字乡村设计的各要素提供解决策略，为构建数字乡村治理体系提供一条崭新的思路，为全面实现乡村振兴战略贡献智慧。当然，本章亦是设计治理理论体系的具体应用与展开。

[1]《数字乡村发展行动计划（2022—2025年）》，中华人民共和国国家互联网信息办公室，http://www.cac.gov.cn/2022-01/25/c_1644713315749608.htm，访问时间：2022年7月1日。

[2] 参见宋戈：《媒介与乡村社会的文化变迁：以贵州黔东南施洞镇苗族社区为个案》，中国传媒大学出版社2017年版，第265页。

二、缘起：数字乡村设计与数字乡村治理

（一）数字乡村设计的概念界定

乡村孕育了基本的城市形态，是城市有序发展的必要基础。在城乡一体化发展与城乡要素自由互通的当下，乡村的稳定发展对城市的繁荣起到了极大的促进作用。因此，乡村的振兴与发展已成为未来城乡和谐发展的必要基础。2017 年，党的十九大报告明确提出，应当实施乡村振兴战略，开启新时代乡村设计与发展的新篇章。设计学界亦相继开展乡村振兴的设计策略与实践，形成以“设计丰收”为代表的用设计驱动城乡互动的创新设计模式[1]、以“设计立县”为代表的用设计引领乡村转型升级的乡村设计创新实践[2]等一批当代乡村振兴设计的实践模式。

在此时代背景下，得益于信息技术的发展，元宇宙（Metaverse）、人工智能（Artificial Intelligence）、虚拟现实技术（Virtual Reality）、数字孪生技术（Digital Twin）等数字技术引领世界迈入后信息化时代。数字化规模显著扩大，数字经济的体量愈发庞大。中国互联网络信息中心发布的第 49 次《中国互联网络发展状况统计报告》指出，截至 2021 年 12 月，我国网民规模达 10.32 亿，互联网普及率达 73%，其中，农民网民的规模已达 2.84 亿，城乡地区互联网普及率差异较 2020 年 12 月缩小 0.2 个百分点。[3]

城乡互联网鸿沟的持续弥合为数字乡村的提出与建设提供必要基础。2018 年公布的《中共中央　国务院关于实施乡村振兴战略

[1] 参见娄永琪：《设计丰收——北京峰会演讲及互动》，载邹其昌主编：《设计学研究》，人民出版社 2016 年版，第 108—114 页。

[2] 参见丁伟：《设计的进化》，上海交通大学出版社 2021 年版，第 355 页。

[3]《第 49 次〈中国互联网络发展状况统计报告〉》，中国互联网络信息中心，https://www.cnnic.cn/n4/2022/0401/c88-1131.html，访问时间：2022 年 7 月 1 日。

的意见》指出，要实施乡村振兴战略，弥合城乡数字鸿沟。[1] 2019年，中共中央办公厅、国务院办公厅印发的《数字乡村发展战略纲要》指出，数字乡村是伴随网络化、信息化和数字化在农业农村经济社会发展中的应用。[2]

作为乡村振兴的关键枢纽与未来发展方向，数字乡村设计迈入乡村振兴舞台的中央。所谓数字乡村，指的是以数字技术为信息传播媒介与治理方式的乡村数字化形态。数字乡村既是乡村设计的阶段目标，又是乡村设计的动态过程，还是乡村信息化、乡村数字化等概念的整合、延伸与升维，全维度重构了乡村的生活、生产、生态、商业和医疗模式。

数字乡村设计具有三个主要特征：第一，数字乡村设计是跨越乡村振兴的全维度、多要素、全流程的复杂社会系统，具有鲜明的跨学科特征，包含生产、生活、教育、娱乐、医疗等社会各专业领域。第二，数字乡村的内部各要素之间的交互关系多元而复杂，而由此建构的复杂技术系统的内部结构，为数字乡村设计提供内源性动力；数字乡村与城市的交互关系构成复杂技术系统的外部环境，为数字乡村设计提供外源性驱动力；数字乡村的内部结构与外部环境的动态交互，促使数字乡村设计具有动态优化属性的互动关系。第三，数字乡村设计是长期且动态的过程。首先应当实现数字乡村的数字基础设施与信息服务能力的建设，为数字乡村的基础生态构建提供引领，而后实现文化观念与生活方式的转型与构建，为数字乡村的长期发展提供指导，以此实现由物理层面向数字乡村的文化

[1]《中共中央　国务院关于实施乡村振兴战略的意见》，中华人民共和国农业农村部官网，http://www.moa.gov.cn/ztzl/jj2020zyyhwj/yhwjhg/201902/t20190220_6172168.htm，访问时间：2022 年 7 月 1 日。

[2]《国务院办公厅印发〈数字乡村发展战略纲要〉》，中华人民共和国中央人民政府官网，http://www.gov.cn/gongbao/content/2019/content_5395476.htm，访问时间：2022 年 7 月 1 日。

层面的升维。

数字乡村的设计与建设可分为四个阶段：第一阶段的数字乡村设计旨在明显提升农村互联网普及率，到2020年取得初步成效；第二阶段的数字乡村设计旨在明显弥合城乡的数字鸿沟，到2025年取得重大进展；第三阶段的数字乡村设计旨在实现农民的数字化素养显著提升，到2035年数字乡村建设取得长足进步；第四阶段的数字乡村设计旨在助力乡村全面振兴，到21世纪中叶全面建成数字乡村。[1] 当前正处于数字乡村设计的第二个阶段，在演进过程中必然面临来自外部系统与内部构架的多维挑战。目前，亟待构建完善的数字乡村治理体系，解决数字乡村的结构性问题，为数字乡村的善治与长远发展奠定基础。

（二）数字乡村治理的现状与不足

在乡村日益数字化的当下，数字乡村治理已成为解决数字乡村的复杂系统问题、消解数字鸿沟等新一代数字乡村问题的有效方式。通过检索中国知网（CNKI）、Web of Science、Scopus 的文献可知，国内外学术界对于数字乡村治理的研究大概起源于2016年，历经了对于数字乡村治理的主体、对象、媒介和流程的研究。目前学术界对于数字乡村治理的研究主要集中于乡村的数字治理、数字乡村的治理、数字乡村的数字治理这三个主要维度——广义维度、一般意义维度和狭义维度。广义维度的数字乡村治理是基于数字治理概念开展的新治理体系，一般意义维度的数字乡村治理是与数字乡村设计相伴随的、与数字乡村的信息化技术设施相结合的治理方式，狭义维度的数字乡村治理是对于数字乡村的治理方式的探索。

第一，乡村的数字治理是广义维度的数字乡村治理，是基于数

[1]《中共中央办公厅　国务院办公厅印发〈数字乡村发展战略纲要〉》，中华人民共和国中央人民政府官网，http://www.gov.cn/gongbao/content/2019/content_5395476.htm，访问时间：2022年7月1日。

字治理概念开展的新治理体系，包含数字信息的治理、基于数字信息的治理体系构建、用数字信息对经济社会民生的治理这三个维度[1]。广义维度的数字乡村治理主要采用以政府为主导的治理模式，政府与基层机构是治理的主体，传统乡村与数字乡村均是治理的对象，技术、法规、政策和习俗等是治理的媒介。其优势在于构建与乡村的真实世界相匹配的数字信息，引入跨领域的数字治理思维，为村民协商自治提供平台，增进乡村居民的身份认同感。但数字基础设施的建设相对滞后，乡村居民的接受度较低，乡村数据人才储备不足，数据整合平台不完善等问题削弱了治理效果。[2]

第二，数字乡村的治理是一般意义维度的数字乡村治理，是与数字乡村设计相伴随的、与数字乡村的信息化技术设施相结合的治理方式。政府、乡民是治理的主体，乡村居民的数字生活方式、数字基础设施建设和数字信息平台建构是治理的对象，法规、政策是治理的方式。其优势在于提供对于数字乡村设计的精准化治理，具有完善的数字基础设施保证，构建虚实相生的乡村数字治理平台，设立具有本土化特色的数字乡村发展理念，善于梳理数字乡村的复杂系统的交互关系。但是平台对于数字乡村的治理的内部结构把握较弱，成本较高，乡村民众的参与程度较低[3]。

第三，数字乡村的数字治理是对于数字乡村的治理方式的探索，是狭义维度的数字乡村治理。政府、基层机构和乡村居民是治理的主体，数字乡村的内部结构是治理的对象，数字技术是治理的媒介。其优势在于探索数字技术在数字乡村的治理中的前景，构建

[1] 刘俊祥、曾森：《中国乡村数字治理的智理属性、顶层设计与探索实践》，载《兰州大学学报（社会科学版）》2020年第1期。

[2] 汪雷、王昊：《乡村振兴视域下的数字乡村治理：困境与出路》，载《邵阳学院学报（社会科学版）》2020年第4期。

[3] 冯朝睿、徐宏宇：《当前数字乡村建设的实践困境与突破路径》，载《云南师范大学学报（哲学社会科学版）》2021年第5期。

数字资源对接平台，提升数字乡村的协同效率，尝试弥合数字鸿沟，改善乡村发展的不均衡问题，提供乡村发展的内源性动力，优化基层治理的不均衡问题。但是较少探索数字乡村内部的生活、教育等各领域之间的关联，治理方式较为碎片化，未构建起全维度、全要素、全过程的跨领域式的治理体系。

通过梳理数字乡村治理的研究现状可知，其研究包含主体、对象、方式三大要素，具有广义、一般意义、狭义三个维度。现有的数字乡村治理研究尚未明确区别数字乡村治理中的主体、对象、流程要素，存在滞后、狭隘、碎片化等不足，导致数字基础设施建设不完善、数字信息平台设计不完整等问题产生，未充分实现数字乡村设计中的全流程的治理，未真正解决数字乡村设计中的动态的不确定性问题，没有构建起完整的数字乡村治理体系，未充分解决数字乡村的问题。

三、设计治理的概念界定

作为社会设计学体系下的跨领域治理方式，设计治理体系旨在设计数字乡村的外部交互关系与内部构架，构建乡村整合式数字平台，实现跨领域、全维度、多要素的数字乡村治理，促进数字基础设施与数字信息的优势互补，为构建数字乡村治理体系提供新的思路。

（一）当代设计学体系与社会设计学体系

当代设计学体系源于中国传统设计学体系。中国传统设计学体系以“易”“礼”为思想源头，其核心为中华考工学体系，是当代设计学体系的基础，为当代设计学体系的建构提供了宝贵的中国本土文明遗产。[1] 当代设计学体系正处于建构期，体现了

[1] 邹其昌：《论中国当代设计理论体系建构的本土化问题——中国当代设计理论体系建构研究系列》，载《创意与设计》2015 年第 5 期。

中国当代的基本概念、基本思维、基本精神、基本范畴、基本系统、核心价值和基本形态等研究，包括元本（基础）设计学（meta-designology）、应用（实践）设计学（parx-designology）和社会（产业）设计学（social-designology），是国家层面、学术层面、社会层面和学科层面的需要，是极为庞大的系统创新工程（见图 1-1）。[1]

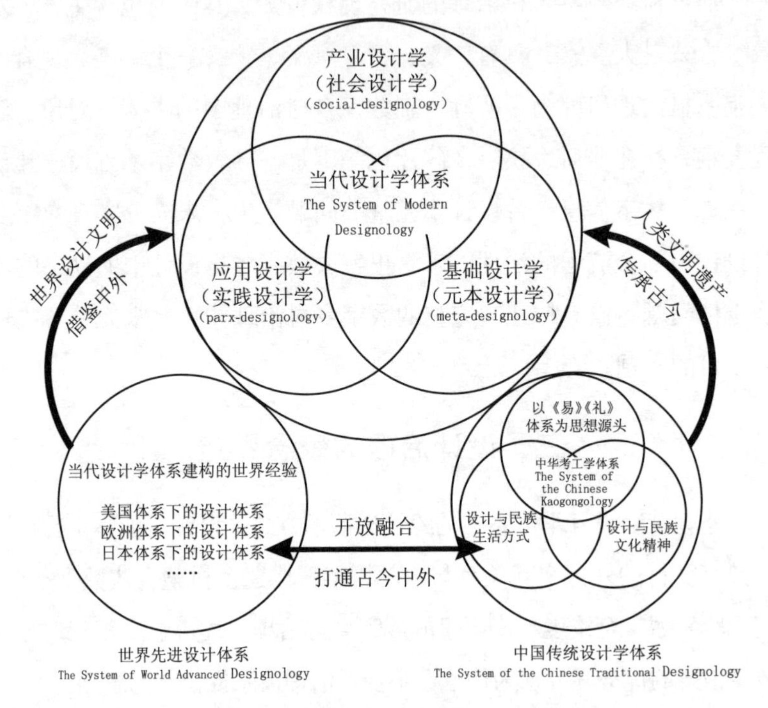

图 1-1　当代设计学体系的基本框架[2]

第一，基础设计学研究设计的本元性问题，旨在研究设计本体与设计方法等设计的总体问题，即设计的设计学问题，设计的“一”。其包含设计的基本概念、设计的基本范畴、设计建构，设计学原理研究、设计理论、设计历史、设计批评和设计未来等。

[1] 邹其昌：《“设计治理”：概念、体系与战略——“社会设计学”基本问题研究论纲》，载《文化艺术研究》2021 年第 5 期。

[2] 图片来源：作者自绘。

第二，应用设计学研究设计的具体领域，旨在研究人工世界的一切具体设计问题，即设计的“多”，不仅包含平面设计、媒体设计、工业设计、数字设计和城市设计等所有设计领域的基本理论、核心概念和核心范畴，而且包含具体设计领域的设计材料、设计技术和设计工程。

第三，社会设计学是基础设计学体系和应用设计学体系的整合，是构建美好生活的设计理论系统，旨在实现设计秩序与社会秩序的真正统一，构成真正的设计世界。其主要包含城市设计学、乡村设计学和区域设计学等社会环境下的设计行为研究，研究内容包含设计资本、设计治理和设计世界等。

（二）社会设计学体系与设计治理

社会设计学包含设计资本与设计治理两大核心范畴。设计资本旨在用设计驱动社会创新、改造社会、实现设计价值的内生性增长。设计治理旨在用设计完善社会创新、改善社会、实现人类福祉的最大化。

进一步剖析设计治理可知，设计治理是社会设计学的核心范畴，旨在以设计的方式融入治理，解决人工世界建构中长远性、整体性问题，是一种从人类整体利益出发、以人为中心的治理模式。设计治理亦是国家治理的重要方式，以设计的方式介入国家治理。

设计治理是对于主体、对象、流程的多维度治理，是跨领域、整合式的治理，是全过程、多要素的治理，是全自动、全匹配的治理，是人文性、智慧性的治理。总而言之，设计治理是开放式治理与闭环式治理的有机统一，是有形治理与无形治理的有机统一，是精神治理与文化治理的有机统一，是本体结构与文化价值的有机统一。

在设计治理的内在结构方面，设计治理包含设计系统、治理系统这两个主要部分。首先，设计系统可分为自生性设计系统、他生性设计系统、互生性设计系统三个部分。自生性设计系统旨在解决设计内部各环节、各子系统的相互关系的问题；他生性设计系统旨在解决设计系统运行的各种必要条件，以及设计系统实施空间的问题；互生性设计系统旨在解决设计系统的动态延展问题。其次，治理系统可分为宏观治理系统、中观治理系统、微观治理系统三个部分。宏观治理系统包括全球治理、国家治理、区域治理、关系治理和数据治理等；中观治理系统包括行业治理、职业治理、组织治理、城市治理和乡村治理等；微观治理系统包括社区治理、企业治理、交通治理、职能行为治理、个体行为治理、空间治理和微服务治理等。数字乡村设计治理即属于中观维度的设计治理（见图 1-2）。[1]

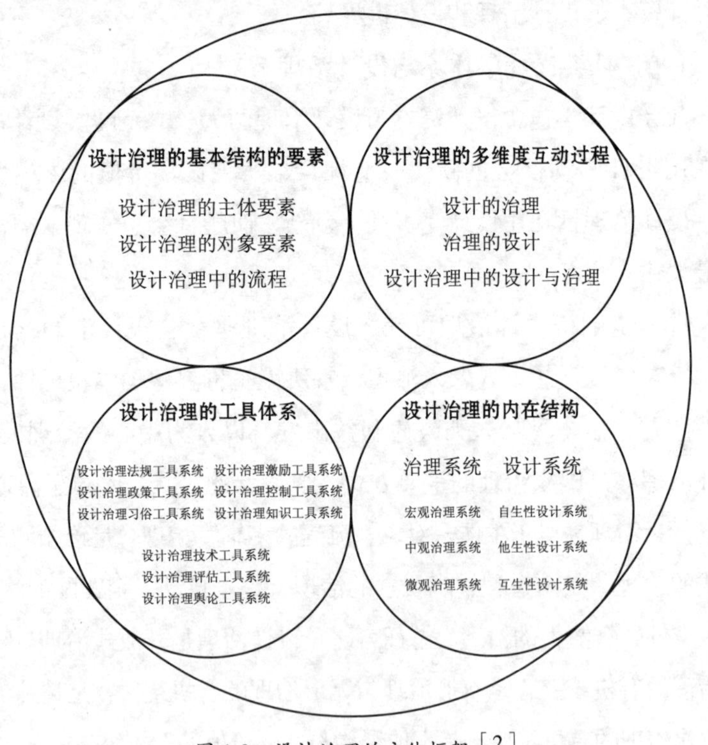

图 1-2　设计治理的主体框架[2]

[1] 邹其昌:《“设计治理”：概念、体系与战略——“社会设计学”基本问题研究论纲》，载《文化艺术研究》2021 年第 5 期。
[2] 图片来源：作者自绘。

设计治理是多维度的互动过程，既蕴含着设计的治理，又蕴含着治理的设计，还蕴含着设计治理中的设计与治理。治理的设计解决设计的治理，设计的治理促进治理的设计，两者共同构成设计治理中的设计与治理。

设计治理是全要素、多维度的治理方式，包含着主体、对象和流程的治理。设计治理的主体是由设计师、政府和其他社会机构成员组成的多元的利益共同体，设计治理的对象是社会生活中一切不利于社会秩序的多元的设计失灵现象，设计治理的过程包含政策、改善、监管和目标等内容，旨在实现空间秩序的转型与完善。

设计治理追求的是在使用设计产品（有形的或无形的）过程中所自然实现的合理化、秩序化和审美化的善意设计。

（三）设计治理的工具体系概述

设计治理可分为九大工具系统（见图 1-3）。

第一，设计治理的法规工具系统是在法律的框架内开展设计治理的方式，是指为了设计行为制定专门的法律。第二，设计治理的政策工具系统是比法规工具更具时效的治理工具，是基于政策开展的设计治理。第三，设计治理的习俗工具系统是体现中华民族精神价值追求的文化治理工具。第四，设计治理的技术工具系统是正确引导技术正向价值的治理工具。第五，设计治理的评估工具系统是包含人类与国家需求的、体现人类长远价值的工具。第六，设计治理的舆论工具系统是充分利用社会舆论的正面价值的工具。第七，设计治理的激励工具系统是通过对人的激励实现对利益群体的评估的工具。第八，设计治理的控制工具系统是以国家为主导与以市场为主导的两种治理方式相统一的工具。第九，设计治理的知识工具系统是通过设计师与公民拥有的知识构建有序的设计环境，实现利益共同体的共同价值的工具。

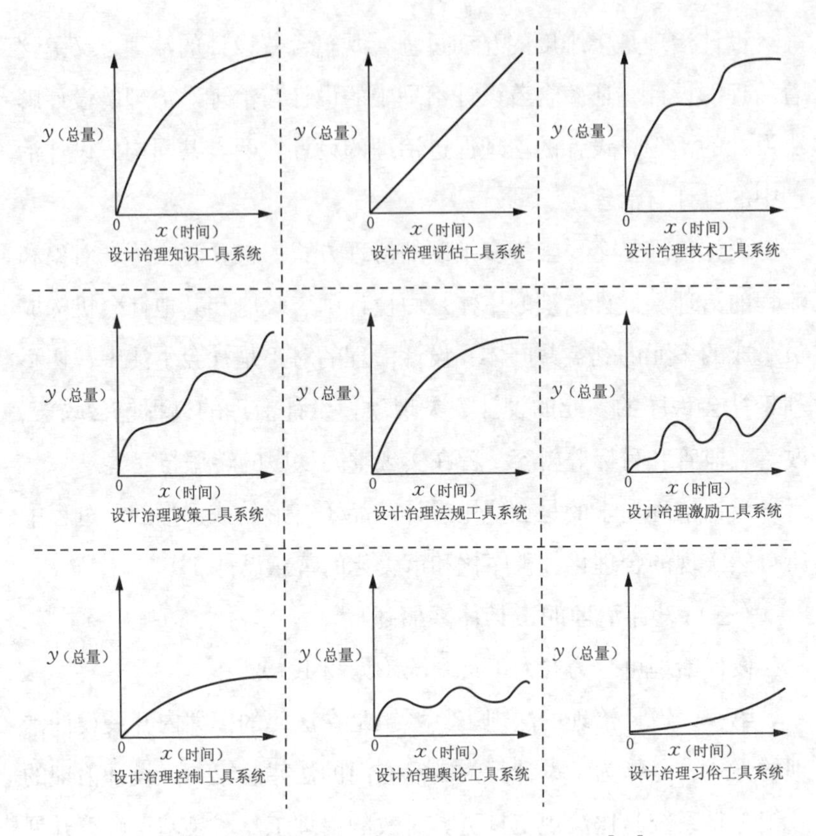

图 1-3　设计治理九大工具系统的理论模型[1]

四、数字乡村设计治理理论体系的基本问题

（一）数字乡村设计治理理论体系的建构必要性

数字乡村设计治理体系的建构旨在满足三个方面的需要：

第一，数字乡村的长远发展与数字乡村治理体系的建构需要引入设计治理。数字乡村设计治理整合现有的数字乡村治理方式，构建不同的治理方式之间的协同通道，呈现出多元性、复杂性、开放性和跨领域性，为解决跨学科的数字乡村治理问题指出方向。

[1] 图片来源：作者自绘。

第二，当代设计理论的创新与当代理论体系的创新需要引入数字乡村设计治理体系。数字乡村设计治理的理论研究与不断实践，为当代设计学体系的构建提供灵感与养分。

第三，国家发展战略的长远需求的实现需要引入设计治理。设计治理为数字乡村治理提供新的解决方案，为乡村振兴战略的实现提供有力保障。

（二）数字乡村设计治理理论体系的基本概念

数字乡村设计治理包含数字乡村的治理、乡村的数字治理、数字乡村的数字治理三个维度，旨在整合数字乡村的主体、对象、流程的各维度要素，解决数字乡村复杂系统的外部交互关系与内部领域构架问题，从而迈向广义与跨领域的数字乡村治理。

在学科定位方面，数字乡村设计治理理论体系的研究对象属于数字乡村体系范畴，而理论归属于当代设计学体系下的社会设计学理论体系。因此，数字乡村设计治理体系是数字乡村与设计治理的交集领域，体现了当代设计学的跨领域研究特征，充分应用了设计学的交叉实践与研究职能。

在理论自主方面，数字乡村设计治理理论体系是中国自主的数字乡村治理体系，旨在探索中国数字乡村设计与治理中的适应性问题，立足于中国的传统设计文化，传承与弘扬中国传统设计治理资源，构建符合中国国情、具有中国精神与中国气派的数字乡村设计治理理论体系，消除对外来理论体系的过度应用。同时，数字乡村设计治理理论体系旨在开发具有中国特色的设计治理工具系统，用中国自主的设计治理理论工具系统解决中国设计中的具体问题。

在基本要素方面，数字乡村设计治理理论体系具有全流程、多维度的特征，包含了数字乡村治理中的主体、对象、流程这三个主要维度。

（三）数字乡村设计治理的主体、对象与流程

在数字乡村设计治理的主体方面，数字乡村设计治理理论体系是共建、共享、共治的治理体系，其主体是由政府、团体与个人共同组成的跨领域研究集合。第一，政府的各级职能部门、高校、研究机构与政府统领的机构是设计治理的主体，共同开展设计学的跨领域研究，如高校参与数字乡村理论研究与数字基础设施的先进技术开发。第二，社会团体是设计治理的主体，如设计团队参与数字乡村设计。第三，个人是设计治理的主体，如研究数字乡村的学者、设计数字乡村的设计师、乡村居民参与共建数字乡村设计治理体系。

在数字乡村设计治理的对象方面，数字乡村设计治理的对象呈现多元化特征。第一，对于数字乡村作为人工物的治理，如数字基础设施的设计治理、数字平台的设计治理。第二，对于数字乡村作为复杂系统的治理，其中又可分为数字乡村作为复杂系统的交互关系的治理，以及数字乡村作为复杂系统的内部构架的治理，如数字乡村与数字城市的交互关系的治理、数字生活方式的设计治理、数字鸿沟的数字治理、数字乡村中教育与商业关系的治理。第三，对于数字乡村治理的治理，如对于现有治理方式的治理。

在数字乡村设计治理的流程方面，数字乡村设计治理呈现非线性、自适应性的特征，不断完善、不断演化、不断参与数字乡村设计的全过程、全维度。第一，在数字乡村设计的起步期，设计治理具有政策、法规、目标、调研等要素，旨在完善数字乡村设计的底层框架。第二，在数字乡村设计的成熟期，设计治理具有技术、改善、监管、控制等要素，旨在指正数字乡村设计的发展方向。第三，在数字乡村设计的完善期，设计治理具有评价、激励、舆论、改善等要素，旨在赋予数字乡村设计不断更新的自适应能力。

（四）数字乡村设计治理体系的基本特征

数字乡村设计治理理论体系具有跨领域和整合性、全过程和多

要素、匹配性和自动性、人文性和智慧性等四组基本特征。

首先，当代设计学体系的跨领域属性为数字乡村设计治理理论体系赋予了跨领域与整合性的特征。其能够统筹数字乡村设计治理中的主体、对象、流程的治理要素，整合现有的碎片化的、片段式的数字乡村的治理工具，整合乡村的数字治理、数字乡村的治理、数字乡村的数字治理等现有的治理方式，构建整合的、跨领域的数字乡村设计治理理论体系。

其次，数字乡村设计治理理论体系是全过程和多要素的治理体系，关注数字乡村治理的全过程，用设计治理工具去治理数字乡村发展过程中的所有问题，构建完备的设计治理工具体系，开展对于整个数字乡村的全过程治理，对于过程中的某个问题有多个解决工具，善于整合现有的某一个流程阶段的、单一的数字乡村的治理工具。

再次，数字乡村设计治理理论体系具有匹配性与自动性，善于治理数字乡村的不确定问题。数字乡村治理问题具有不确定性，同一个问题具有多维语义，而数字乡村设计治理理论体系可以更好地自动匹配与对接数字乡村治理中的不确定问题。比如，既是伦理治理，又是法律治理的问题；既不是伦理治理，又不是法律治理的问题。又如，其能够更好地处理以数字鸿沟为代表的既属于基础设施设计，又属于文化观念设计的问题。与此同时，其能够整合现有的过于具象的、协同性较弱的数字乡村的治理工具，增强现有数字乡村治理工具的联动能力。

最后，数字乡村设计治理理论体系具有人文性与智慧性，赋予数字乡村治理以更丰富的人文价值、更高的宽容度、更广的适应范围。得益于人文性与智慧性，数字乡村设计治理理论体系能够推动人与乡村环境的和谐，有效避免破坏乡村本土文化的乡村设计，提高人对于乡村环境的、乡村环境对人的双向适应度，为乡村设计构建人文的精神空间，为更高级别的农民数字化素养的形成提供平台，从而在短期成效与长远设计之间构建平衡。

五、小结

数字乡村设计治理理论体系是当代设计学体系的重要组成部分，为解决数字乡村设计的碎片化问题、统领数字乡村设计的各要素指明了方向。通过探索与建构数字乡村治理理论体系，可以促进数字乡村体系与当代设计学体系的交叉研究，更好地认识与推动数字乡村治理的理论建设与实践，为当代设计学体系的完善与创新提供养分，为乡村振兴战略的全面实现提供基于设计学的理论指引。数字乡村设计治理理论体系的法规、政策、习俗、技术、评估、舆论、激励、控制和知识等九个工具系统体现了跨领域和整合性、全过程和多要素、匹配性和自动性、人文性和智慧性这四组特征，有利于促进对数字乡村设计的全流程、多维度治理，以期获得治理能力最大化，具有一定的理论价值和现实意义，具备广阔的研究前景。

第二章　中国自主人工智能设计治理理论体系基本问题

一、引言：设计治理与中国自主人工智能设计治理体系

本章聚焦于中国自主人工智能设计治理理论体系的系统建构问题。立足于治理、设计治理、中国自主人工智能设计治理等基本概念，阐释为什么要建构中国自主人工智能设计治理理论体系、中国自主人工智能设计治理理论体系的主要内容及基本思路。本章的基本观点：中国自主人工智能设计治理理论体系属于国家治理理论的一部分，同时也是社会设计学的核心建构范畴——设计治理的重要组成部分，有利于人工智能设计秩序的完善，对建构中国当代设计理论体系具有重要价值。

时至今日，每当提及“治理”这一概念内涵，我们总是先入为主地在脑海中浮现出“国家治理”“社会治理”“城市治理”等诸多词汇。于中文字义之考释而言，段玉裁《说文解字注》对许慎释“治”为“水”“从水”[1]注曰“盖由借治为理”[2]，对于以

[1] 参见（汉）许慎撰：《说文解字》，中华书局1963年版，第227页。
[2]（汉）许慎撰，（清）段玉裁注：《说文解字注》，上海古籍出版社1981年版，第540页。

农业为本的中国传统社会来说，“由于一开始就有的地型上及农业上的需要，中国进行了一系列的宏大的水利工程建设”，可见国家的产生与发展和“治水”有着密切关联。另由许慎释“理”为“治玉”[1]，段玉裁引“《战国策》‘郑人谓玉之未理者为璞。是理为剖析也。’”并从各个角度对其展开阐释，涉及“天理”“善治”“义”“分理”“肌理”“腠理”“文理”“条理”等含义[2]。尤为值得注意的是，治理的目标是善治，这是获取公共利益最大化的社会管理过程。[3]

至于“设计治理”，则“是国家治理的一部分，而且是优化、完善和理想的那一部分（亦即一种典型的善治形态），受到中外统治者或管理者的重视与应用，价值重大”[4]。设计治理内涵包括理论建构与实践创新两大部分，具有设计治理的国家战略价值与学科价值。从中国当代设计理论体系建构来看，设计治理是社会设计学体系（产业设计学）的核心建构范畴之一[5]。

“人工智能设计治理体系”属于狭义层面的设计治理体系，而狭义的设计治理体系则是社会设计学体系的主要构成部分[6]。

[1] 参见（汉）许慎撰：《说文解字》，中华书局1963年版，第12页。
[2]（汉）许慎撰，（清）段玉裁注：《说文解字注》，上海古籍出版社1981年版，第15页。
[3] 参见俞可平：《治理和善治引论》，载《马克思主义与现实》1999年第5期。
[4] 邹其昌：《“设计治理”：概念、体系与战略——“社会设计学”基本问题研究论纲》，载《文化艺术研究》2021年第5期。
[5] 另一种表述为：社会设计学——资本与治理——社会环境下的设计行为。参见邹其昌主编：《中国设计理论与国家发展战略学术研讨会——第五届中国设计理论暨第五届全国“中国工匠”培育高端论坛论文集》，第16—34页。
[6] 正如设计有广义和狭义之分，广义的设计即人类创造的一切思维与行为，设计即人类。狭义的设计，则是指有别于科学、技术、艺术的人类的一种生存方式。同样，设计治理体系也有广义和狭义之分。一般而言，广义的设计治理体系是设计理论体系，狭义的设计治理体系则是社会设计学体系的主要构成部分。参见邹其昌：《理解设计治理：概念、体系与战略——设计治理理论基本问题研究系列》，（转下页）

就人工智能设计治理体系本身而言，就是一项复杂、系统的工程，需要在设计治理体系和治理能力现代化背景下剖析其治理的意义、价值、内涵等，探讨人工智能设计、人工智能设计治理与人工智能设计治理体系之间的逻辑关系，理解和把握中国自主人工智能设计治理体系的研究基础、系统结构、基本要素和工具系统。

“中国自主人工智能设计治理理论体系”主要包括三个基本理论问题（见图2-1）：其一，人工智能设计治理理论体系的价值问题——为什么建构？其二，人工智能设计治理理论体系的结构问题——建构是什么？其三，人工智能设计治理理论体系的建构问题——如何建构？

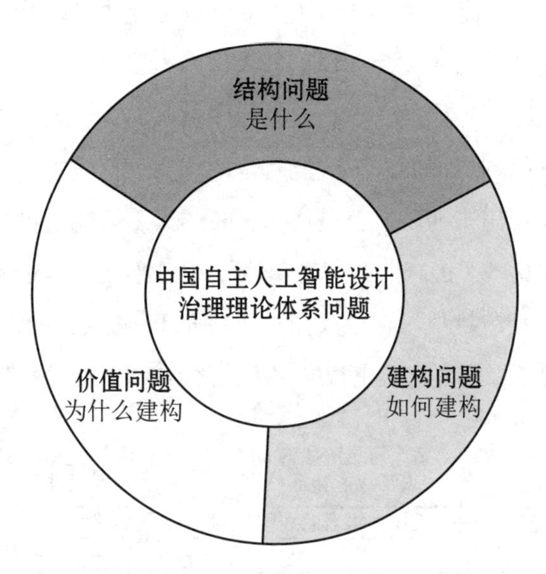

图2-1　中国自主人工智能设计治理理论体系问题[1]

（接上页）载《中国设计理论与国家发展战略学术研讨会——第五届中国设计理论暨第五届全国“中国工匠”培育高端论坛论文集》。

[1] 图片来源：作者自绘。

二、为什么要建构中国自主人工智能设计治理理论体系

（一）问题的提出与研究意义

为什么要建构中国自主人工智能设计治理理论体系，这一问题的产生至少包括以下三个方面的原因：

1. 人工智能的健康发展需要设计治理

人类社会几次重大的技术（产业）革命，充分体现出多层次、交互性、跨界性等特征。尤其是面对人类最近一次的数字技术革命，在强大的人工智能加持下，虽然当下还处于“弱人工智能时代”，如目前的ChatGPT，尚未完全实现以人工／人造数字工匠为主体的人工智能自主设计，但随着人工智能技术创新日新月异、突飞猛进，进入“强人工智能时代”，甚至是“超人工智能时代”指日可待（见图2-2）。尤其是当人类社会真正进入超人工智能时代的时候，这时的“数字工匠”主体早已不是人类程序员，而成了人工或人造数字工匠，拥有超越当下弱人工智能时代的强大计算效力，这是以超级指数级别体现出来的。也就是说，这时的人工智能通过超强的智慧编程能力，具备人工智能的“自生性”，人工智能原有的工具价值理性随之遇到相应挑战，在以人为主体，而不是“数字工匠”为主体的现实前提下，需要对人工智能实施行之有效的设计治理。

人工智能技术的历史阶段	每个历史阶段的人工智能特征	每个历史阶段的“数字工匠”主体
弱人工智能时代	由人操控机器的智能	主要是人类程序员
强人工智能时代	机器和人的智能等同	既有人类程序员，也有人工/人造数字工匠
超人工智能时代	机器的智能远超过人	主要是人工/人造数字工匠

图2-2　人工智能时代与“数字工匠”主体[1]

[1] 图片来源：作者自绘。

2. 中国自主的人工智能体系建设需要设计治理的系统研究

要实现中国完全自主的人工智能体系，就必然涉及设计创新的问题。设计创新在于改变世界，而设计治理在于改善世界，并且设计治理凸显为在进行设计创新过程中促成“正价值”(相对于负价值而言，属于真正的、正向的价值取向)的实现。可以说，设计治理本身就可看作设计创新，其本质就是对意义的创新，并且设计治理并不是对设计创新的规约或对设计创新问题的“缝缝补补”，而是一种在设计创新中不断优化完善的机制。具体来看，设计创新的关键或核心则在于科技创新，人工智能体系的建设正是科技创新实践活动的前沿阵地。因此，设计治理的介入，其本身就是创新，也是促使设计创新活动顺利开展的重要因素。

就研究意义而言，建构中国自主人工智能设计治理理论体系，则至少包括四个方面(见图 2-3)：

图 2-3 建构中国自主人工智能设计治理理论体系的意义[1]

1. 建构中国自主人工智能设计治理理论体系是国家治理体系现代化的需要

中国自主人工智能设计治理理论体系是设计治理理论体系的一部分，自然是国家治理理论体系的构成部分，属于国家战略发展中理论建设的有机环节，对于与时俱进地优化、完善、改良既有的人

[1] 图片来源：作者自绘。

工智能及人工智能设计，具有重要的指导意义。

2. 建构中国自主人工智能设计治理理论体系是中国理论体系创新的需要

中国当代理论体系创新涉及两个重要因素，即“理论建构创新”与“实践探索创新”，两者相辅相成、缺一不可。从目的和任务这一角度来说，理论建构创新指向“体系”，实践探索创新指向“品牌”，虽然两者的侧重有所不同，但又殊途同归，即落脚点最终都表现为合一的“体系”。在此前提下，人工智能设计治理理论体系是中国理论体系创新中“理论建构创新”板块的重要组成部分，落实到相关的实践创新过程中，对于实现中国自主的人工智能设计“品牌”具有决定性的指导意义。

3. 建构中国自主人工智能设计治理理论体系是设计学理论体系建设的需要

中国的设计学科还在建设中，很多问题值得深入探讨，尤其是对于刚刚起步的“设计学”理论体系建设。在当今世界范围，西方只是停留在讨论设计的层面，并未系统展开对设计学的研究，“设计学”是由中国学者开创并进行相关研究的，设计研究和设计学研究并非一回事。就设计学科的构建来看，在设计学升格为一个门类的前提下，设计学门类可下设5—8个一级学科[1]，其中的基础设计学主要探讨和系统研究未来设计中的通用问题，如基础性的算法问题，涉及编程设计、数字设计、人工智能设计（又可分为弱人工智能设计、强人工智能设计、超人工智能设计的迭代）等。因此，人工智能设计治理理论体系的建构，对于人工智能设计的发展，以及设计学理论体系的建设和发展有着重要价值。

[1] 邹其昌：《国家发展战略与新型设计学科建构》，载《文化艺术研究》2022年第1期。

4. 建构中国自主人工智能设计治理理论体系是人工智能设计理论体系建设与发展的需要

人工智能设计理论体系是一个复杂而庞大的系统，尤其是随着人工智能技术呈指数级的迭代发展，如果没有设计治理的有效介入，到发展后期，人工智能自身的智慧程度越高，人工智能根据自我编程进而创造新人工智能的速度越快，由此引发的人工智能与人类程序员的关系、人工智能与新人工智能的关系、人工智能与人类的关系等诸多问题很可能面临“失控”的风险。因此，在目前的“弱人工智能”阶段，就要着手构建人工智能设计治理体系，并随着人工智能的迭代，在人工智能发展至变革的关键节点前就应具备一定的设计治理理论，对其进行理论引导，并根据已经发展的新人工智能科技，不断对新一轮的人工智能设计治理理论进行调整完善。理论创新和实践创新，使其保持螺旋式上升的良性循环发展状态。

（二）人工智能设计治理理论体系建构现状

1. 人工智能发展进路

自 1956 年美国达特茅斯（Dartmouth）会议提出人工智能概念以来，人工智能的发展经历了机器学习、神经网络和互联网技术驱动的三次繁荣发展时期。2016 年以来，人工智能将全世界迅速推入信息网络空间、实体物理空间和人类社会空间深度融合的新一代人工智能发展三元空间（见图 2-4）。

我国人工智能主要研究进路大致分为两个方向：其一，人工智能的技术创新突破，主要以计算力、大数据智能、跨媒体智能、群体智能、混合增强智能和自主智能系统等为主要标志性关键技术的攻关方向。其二，人工智能的应用场景研究，人工智能的应用（专用、通用）如智慧交通、智慧城市、智慧农业、智慧金融、智慧制造、智慧医疗和智慧防疫等智能化升级的新兴业态领域是人工智能研究的另一大进路（见图 2-5）。

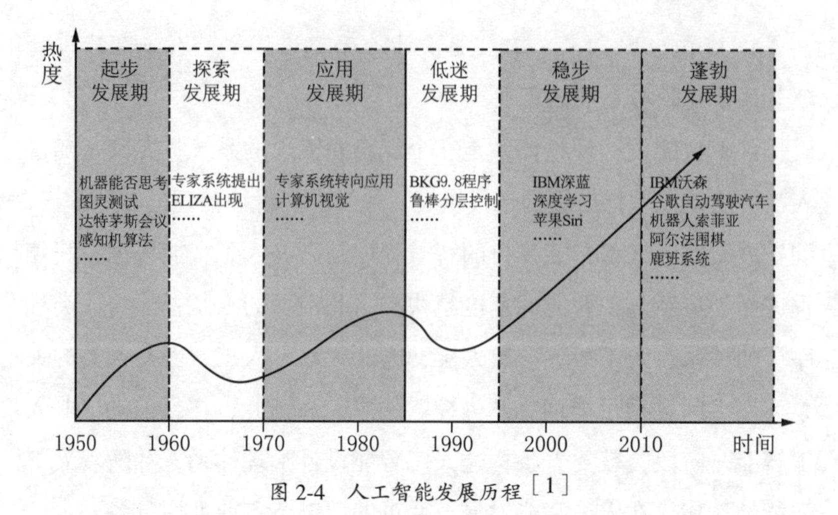

图 2-4　人工智能发展历程[1]

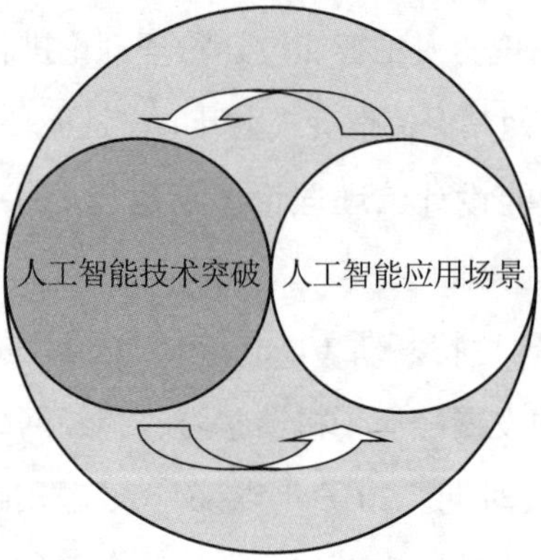

人工智能技术突破
人工智能应用场景

图 2-5　人工智能研究进路[2]

2. 人工智能研究路径

中国关于人工智能问题的研究路径主要有：技术学研究路径、社会学研究路径、伦理学研究路径、文化学研究路径、医学研究路径、设计学研究路径等（见图 2-6）。

[1] 图片来源：作者自绘。
[2] 图片来源：作者自绘。

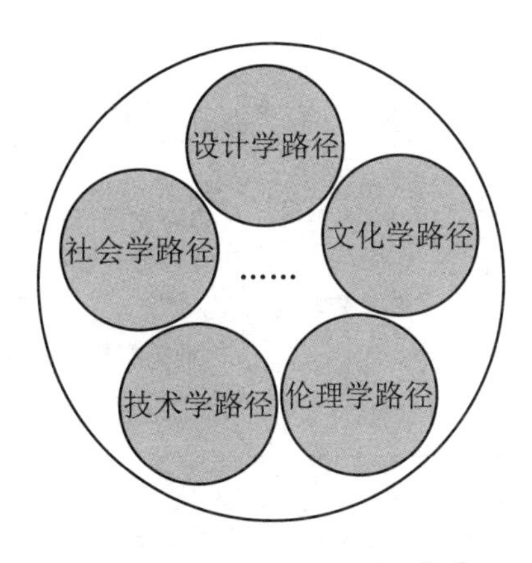

图 2-6 人工智能研究路径[1]

3. 人工智能治理研究

对近几年主要国家和地区，以及中国人工智能治理的发展和举措进行梳理（见表 2-1、表 2-2）发现，世界各国或组织都非常重视人工智能的治理问题。从治理领域来看，在制定政策和立法方面，无人智能系统治理、人工智能伦理治理，以及大数据治理是各国重点关注的领域。从治理路径角度来看，美国最早关注人工智能的治理问题，并着力于对人工智能国际标准制定的主导，实现了其他国家及组织在人工智能治理的整体观点上的初步共识。

表 2-1 主要国家和地区人工智能治理进展[2]

层面	欧盟	美国	德国	英国
政策	起草人工智能伦理指南，并对人工智能可能遇到的挑战和机遇进行预测	颁布《联邦自动驾驶汽车政策：加速下一代道路安全革命》《自动驾驶系统2.0：安全愿景》《国家人工智能研究发展战略计划》	《自动互联网驾驶战略》	《人工智能：未来决策制定的机遇和影响》《人工智能发展的计划、能力与志向》《人工智能行业新政》

[1] 图片来源：作者自绘。
[2] 表格来源：作者自制。

续 表

层面	欧盟	美国	德国	英国
立法	《欧盟机器人民事法律规则》	《人工智能未来法案》《国防授权法》《2018 人工智能法》	《道路交通修正法》	《汽车技术和航空法》
行业			企业组织构建德国人工智能协会	领先企业逐步确立人工智能发展相关原则

表 2-2　中国人工智能治理主要进展[1]

层面	主要内容
政策与法规	2017 年中华人民共和国国务院发布《新一代人工智能发展规划》 2017 年中华人民共和国工业和信息化部《促进新一代人工智能产业发展三年行动计划（2018—2020 年）》 2019 年，中央全面深化改革委员会《关于促进人工智能和实体经济深度融合的指导意见》 2020 年国家标准化管理委员会等《国家新一代人工智能标准体系建设指南》 2021 年全国信息安全标准化技术委员会《网络安全标准实践指南——人工智能伦理安全风险防范指引》 2021 年国家新一代人工智能治理专业委员会《新一代人工智能伦理规范》
准则规范	2018 年中国电子技术标准化研究院《人工智能标准化白皮书》 在 2018 年机器人与人工智能大会上，工信部赛迪研究院发布《人工智能创新发展道德伦理宣言》 2019 年北京智源人工智能研究院联合各高校、科研院所和产业联盟发布《人工智能北京共识》 2019 年《新一代人工智能治理原则——发展负责任的人工智能》提出人工智能治理的框架和行动指南 2021 年《“十四五”规划和 2035 年愿景目标纲要》
行业自律	2017 年人工智能：技术、伦理与法律研讨会 2019—2021 年世界人工智能治理大会

[1] 表格来源：作者自制。

续 表

层面	主要内容
立法	2021年第十三届全国人大常委会第二十九次会议《中华人民共和国数据安全法》 2021年第十三届全国人大常委会第三十次会议《中华人民共和国个人信息保护法》 2021年上海市第十五届人大常委会第三十七次会议《上海市数据条例》 2022年国家互联网信息办公室等四部门联合制定《互联网信息服务算法推荐管理规定》

依据人工智能问题的特征和产生方式的不同，中国人工智能治理主要从宏观国家发展战略和微观社会应用场景两个层面展开（见图2-7）。就宏观治理而言，人工智能治理已经形成了以逻辑内核、秩序重构、监管响应为核心的治理工作框架。中国人工智能的治理范式经历了探索式治理（2016年前）、回应式治理（2017—2019年）、集中式治理（2020—2022年）和敏捷式治理（2022年至今）的发展阶段，未来将致力于打造治理理念动态平衡、治理主体多元

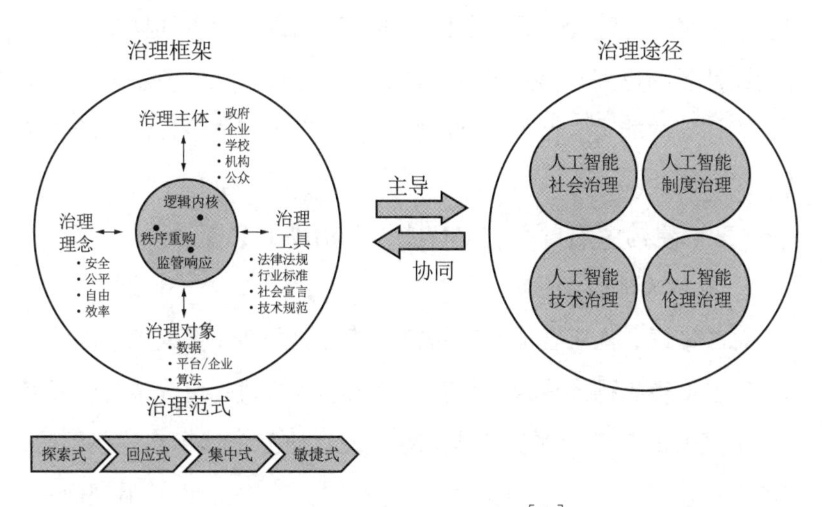

图2-7 人工智能治理现状[1]

[1] 图片来源：作者自绘。

协同、治理对象频谱细分和治理工具多维组合的有机治理范式格局。就微观治理而言，人工智能治理着力于解决人工智能在社会应用场景中产生的问题，由企业、科研机构、非政府组织和用户等协同治理，归纳起来主要分为人工智能技术治理基础性（数据、算法）和关键性（深度学习）技术进一步突破的问题、人工智能制度治理和人工智能社会治理、人工智能伦理治理（如技术伦理问题）和应用场景中的伦理问题、人工智能制度治理等四大板块。总的来看，中国新一代人工智能治理已形成宏观政府主导控向，微观多元协同治理的基本态势。

4. 人工智能设计治理研究

关于设计治理问题的研究，主要聚焦于设计学领域，致力于中国当代设计理论体系的建构。对于人工智能设计的研究，探讨最多的是人工智能技术对设计的主体、对象、方式和工具等方面产生的影响。对于人工智能设计治理的探究，关注点聚焦于人工智能设计者的伦理观。国外如欧盟，通过对机器人的规制，体现了依据人工智能伦理来设计治理体系的前沿探索。国内部分学者同样重视人工智能设计者的伦理观，突出设计者的重要地位，从价值层面引导人工智能择善的能力。但在具体内容方面，人工智能设计治理问题还没有深入展开。

（三）建构中国自主人工智能设计治理的必要性

1. 有待改进的方面

总的来说，人工智能治理问题尤其是我国新一代人工智能治理的研究已取得丰硕的成果，具有重要的学术价值，也为本书的开展奠定了坚实的基础。但从整体上看，现有研究依然存在一些问题，有待进一步系统、深入地探讨：其一，人工智能的设计治理问题；其二，中国自主人工智能设计治理体系问题（如中国人工智能设计治理理论体系的建构问题、中国人工智能设计治理体系的建构问题等）。

2. 有待推进的方面

本书基于我国人工智能治理研究的现状，从三个方面着重展开对中国自主人工智能设计治理理论体系的探索：其一，人工智能设计治理理论体系的结构；其二，人工智能设计治理理论体系的建构；其三，人工智能设计治理理论体系的价值。

人工智能设计治理理论体系研究是中国自主人工智能设计治理体系建构的核心内容，是国家治理体系的重要组成部分，同时也是中国当代设计理论体系（更是中国当代理论体系）的重要组成部分。

三、中国自主人工智能设计治理理论体系的主要内容

中国自主人工智能设计治理理论体系主要涉及四个方面的内容：人工智能设计、人工智能设计治理、人工智能设计治理理论体系、中国自主人工智能设计治理理论体系。

（一）人工智能设计治理及理论体系

根据人工智能设计的双重性，人工智能设计治理理论体系包括三个方面的内容。

1. 人工智能设计治理理论

围绕人工智能设计主体展开的设计治理理论，主要包括设计者的治理、设计组织的治理、设计制度的治理、设计工具的治理、设计平台的治理，以及设计企业的治理等方面的理论。

2. 人工智能的设计治理理论

人工智能作为设计对象的设计治理理论，主要包括人工智能的技术（数据、算法）的设计治理、产品的设计治理和风险的设计治理等方面的理论。

3. 人工智能设计的设计治理理论

人工智能作为设计主体的设计治理理论，包括两部分内容：其

一，内部设计治理（人工智能对自身的设计治理）理论，主要包括人工智能设计的自我治理、机—机治理和人—机治理等方面的理论；其二，外部设计治理（人工智能对外部世界的设计治理）理论，主要包括人工智能设计的社会设计治理、艺术设计治理和技术设计治理等方面的理论（见图 2-8）。

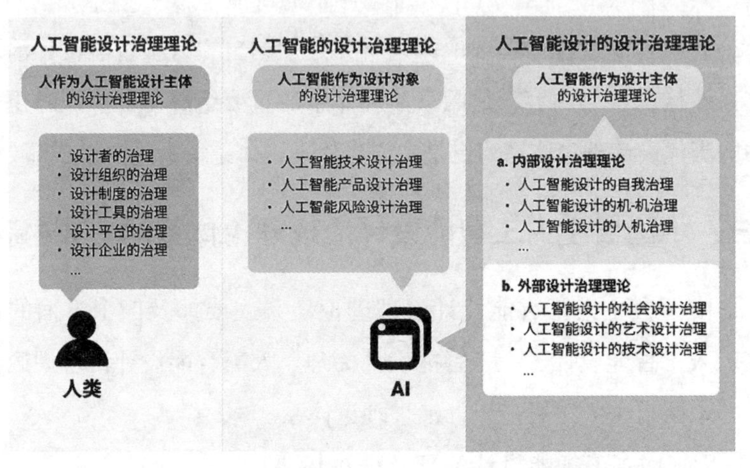

图 2-8　人工智能设计治理理论体系[1]

（二）中国自主人工智能设计治理理论体系

建构中国自主人工智能设计治理理论体系，就是在探索人工智能设计治理的普遍性问题的基础上，进一步探索人工智能设计治理的本土问题（见图 2-9）。

其一，中国自主，是要破除对外来体系的依赖，建构符合中国国情、具有中国价值、体现中国精神、展现中国气派的人工智能设计治理体系。

其二，中国自主，在应用上是要开发有中国特色的人工智能的设计法规、设计政策、设计习俗、设计评估、设计舆论、设计激励

[1] 图片来源：作者自绘。

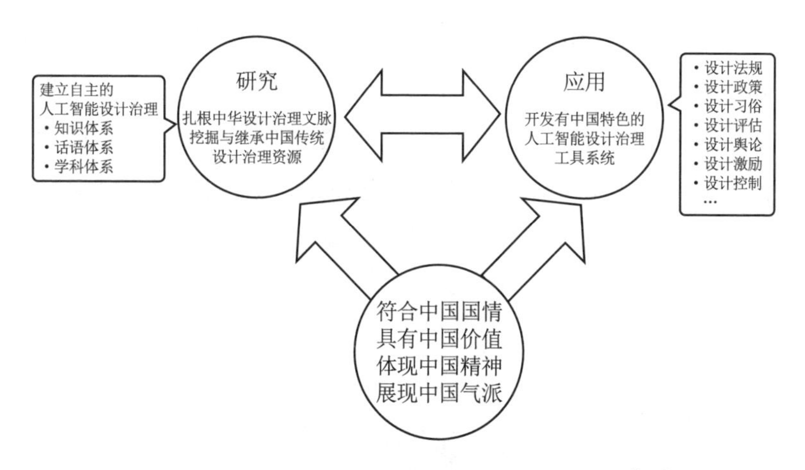

图 2-9 中国自主的人工智能设计治理理论体系[1]

和设计控制等设计治理工具系统。

其三，中国自主，在研究上是要建立自主的人工智能设计治理知识体系、话语体系和学科体系，扎根中华设计治理文脉，挖掘与继承中国传统设计治理资源。

四、中国自主人工智能设计治理理论体系建构的基本思路

中国自主人工智能设计治理理论体系建构的基本思路主要围绕其基本内涵展开，这就涉及这一理论体系建构的核心问题，主要包括研究基础、系统结构、基本要素、工具系统四个方面。

（一）人工智能设计治理理论体系的研究基础

人工智能设计治理理论体系的研究基础包括学科范畴与理论基础两个部分。

1. 人工智能设计治理理论体系的学科范畴

人工智能设计治理理论体系的学科范畴即“人工智能理论体

[1] 图片来源：作者自绘。

系”与“设计学理论体系”的交集领域（见图 2-10）。二者的层级关系可分别表述为“人工智能理论体系”和“设计学理论体系”。“人工智能理论体系”包括“人工智能理论体系——人工智能设计理论体系——人工智能技术设计理论体系”。“设计学理论体系”包括“设计学理论体系——社会设计学理论体系——设计治理理论体系”。

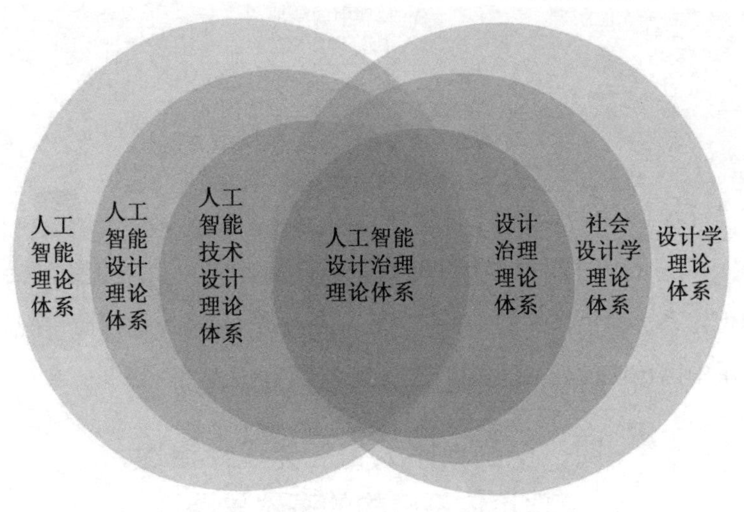

图 2-10　人工智能设计治理理论体系的学科范畴[1]

2. 人工智能设计治理理论体系的理论基础

人工智能设计治理理论体系的理论基础即为“人工智能设计理论”与“人工智能设计治理理论”两个部分（详见后文）。

3. 人工智能设计治理理论体系的三个视角

人工智能设计治理理论体系可从三种视角对其进行考察研究：第一，从人工智能与设计的关系来看，该理论体系包括人工智能分别作为设计对象要素和设计主体要素的设计治理理论；第二，

[1] 图片来源：作者自绘。

从人工智能设计治理实践的结构来看，该理论体系包括人工智能设计治理的基础理论和应用理论（工具理论）；第三，从人工智能设计治理体系的结构来看，该理论体系包括人工智能设计治理的技术理论、制度理论、法规理论、伦理理论、组织理论和文化理论等。

（二）人工智能设计治理理论体系的系统结构

人工智能设计治理理论体系的系统结构是研究的主体部分，围绕人工智能在设计方面的双重性，包括人工智能设计治理理论、人工智能的设计治理理论和人工智能设计的设计治理体系（见图 2-11）。

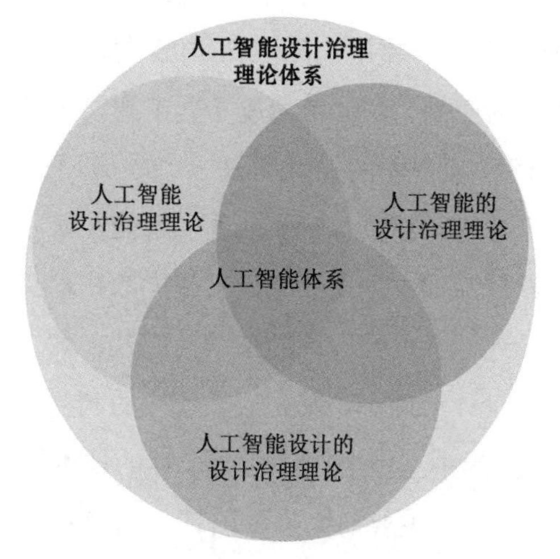

图 2-11　人工智能设计治理理论体系的系统结构[1]

1. 人工智能设计治理理论

人工智能设计治理理论的基本概念，即以人作为“人工智能设计”主体对象，或作为设计主体要素——设计者的设计治理理论。其研究基点聚焦于人工智能设计的伦理、社会、法规等设计治

[1] 图片来源：作者自绘。

理问题，研究对象是人工智能的设计者，研究范畴属于人的部分，研究核心在于强调人工智能设计者的社会性问题。研究重点可分为两部分：其一，对设计者个人层面的设计治理，主要是对其技术操作规范、法规约束和伦理引导等进行设计治理；其二，对人工智能设计者社会性层面的设计治理，包括设计组织的治理、设计制度的治理、设计工具的治理、设计平台的治理，以及设计企业的治理等方面。

2. 人工智能的设计治理理论

人工智能的设计治理理论的基本概念，即以人工智能作为设计对象（影响社会的技术成果），或作为设计对象要素（人工智能的设计物、技术物、人工物）的设计治理理论。其研究基点聚焦于人工智能的技术层面——数据、算法，研究对象是以人工智能为客体、人工智能作为产品，研究范畴属于人工智能（机）的部分，研究核心在于强调人工智能的设计研发、产品应用、风险评估等问题。研究重点可分为两部分：其一，人工智能在核心技术层面（数据、算法）的设计治理，主要研究人工智能的技术与设计的一致性过程、技术的设计性，以及设计的技术性问题；其二，人工智能在技术伦理层面的设计治理，是基于人类整体的利益（而非某个利益集团），以及设计的中立性原则（即由设计的技术层面的本质属性或本位属性决定的），主要研究设计治理如何应对人工智能技术运用目的、过程、结果等一系列伦理问题，这也是全球治理中构建“人类命运共同体”的关键问题。

3. 人工智能设计的设计治理理论

人工智能设计的设计治理理论的基本概念，即以人工智能设计作为主体的设计治理理论。其研究基点聚焦于人工智能设计的双重性，研究对象是人工智能的设计主体——“自主人工智能设计者”，研究范畴属于人工智能设计（人赋予机的自主能动性）的部分，研究核心在于强调“自主人工智能设计者”内部与外部的设计治理。研究重点可分为两部分：其一，内部设计治理（人工智能对自身的设计治理）理论，主要包括人工智能设计的自我治理、机—机治理和人—机治理等方面的理论；其二，外部设计治理（人工智能对外部世界的设计治理）理论，主要包括人工智能设计的社会设计治理、艺术设计治理和技术设计治理等方面的理论。

（三）人工智能设计治理理论体系的基本要素

人工智能设计治理理论体系的基本要素涉及三个子系统结构的全局性要素构成问题，根据设计治理的过程可分为主体要素、对象要素和流程要素（见图 2-12）。

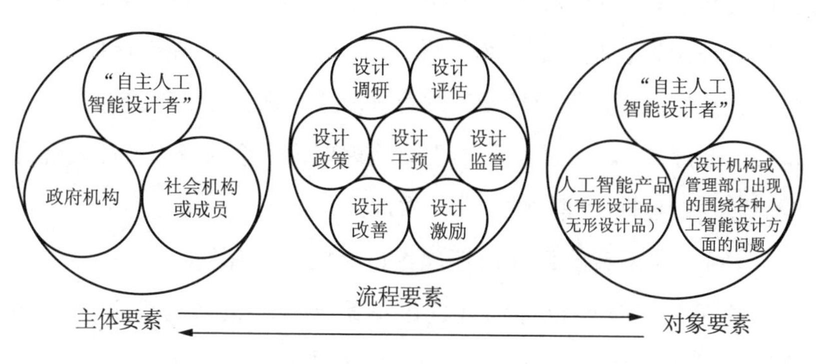

图 2-12 人工智能设计治理理论体系的基本要素[1]

1. 人工智能设计治理理论体系的主体要素

人工智能设计治理理论体系的主体要素是“人”，包括“自主人工智能设计者”和“政府机构、社会机构或成员”这两类要素。对于自主人工智能设计者而言，不同人工智能发展阶段包含不同关系：在弱人工智能阶段表现为人—机关系；在强人工智能阶段表现为人—“机”、机—“机”关系；在超人工智能阶段表现为人—“人”

[1] 图片来源：作者自绘。

关系。在此基础上，人工智能设计治理体系的主体特征表现为多元性和不确定性。

2. 人工智能设计治理理论体系的对象要素

人工智能设计治理理论体系的对象要素有三类：第一，“自主人工智能设计者”；第二，人工智能设计品，包括有形设计品、无形设计品；第三，设计机构或管理部门出现的围绕各种人工智能设计方面的问题。在此基础上，人工智能设计治理体系的对象特征表现为多元性。

3. 人工智能设计治理理论体系的流程要素

人工智能设计治理理论体系的流程要素有三类：第一，设计治理前期包括设计目标、设计调研、设计政策和设计法规等；第二，设计治理中期包括设计技术、设计干预、设计监管和设计控制等；第三，设计治理后期包括设计改善、设计激励、设计舆论和设计评价等。在此基础上，人工智能设计治理理论体系的流程特征表现为全局性、过程性、建构性、非一次性。

（四）人工智能设计治理理论体系的工具系统

针对人工智能设计治理理论体系流程中的“过程性”“建构性”“非线性”特征，需要与之对应的工具系统予以应对。

1. 人工智能设计治理理论体系工具系统的学科定位

按学科层级关系，人工智能设计治理理论体系的工具系统属于人工智能设计治理理论体系的范畴，而人工智能设计治理理论体系属于设计学理论门类下的社会设计学理论体系（见图 2-13）。

2. 人工智能设计治理理论体系工具系统的分类

根据人工智能设计治理过程的整体特征，人工智能设计治理理论体系工具系统总体可分为“正式”与“非正式”两类。“正式”工具有三种：指导、激励和控制。“非正式”工具有五种：证据、知识、促进、评估和辅助（见图 2-14）。

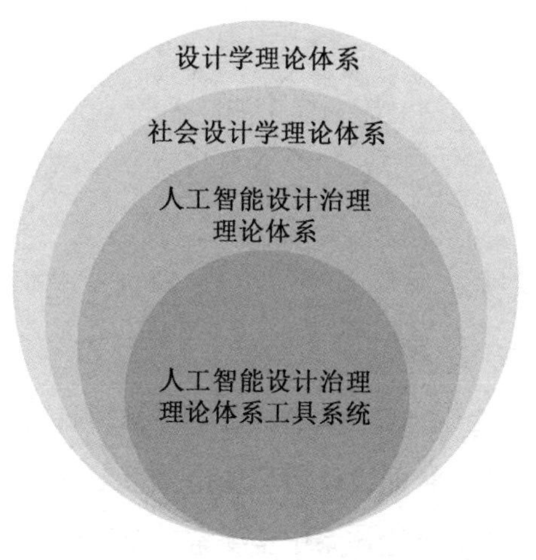

图 2-13 从学科定位界定人工智能设计治理理论体系工具系统[1]

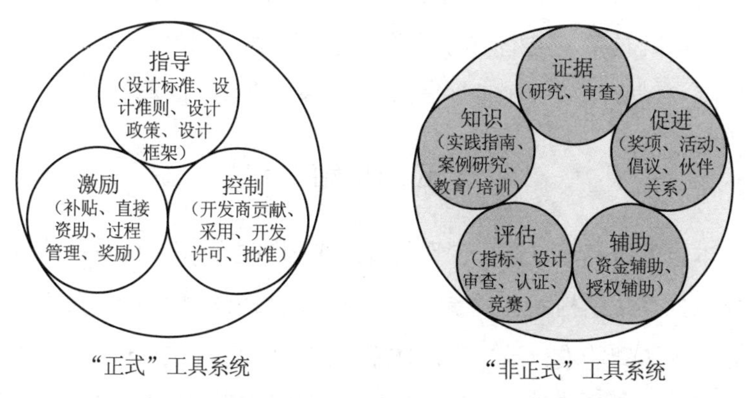

图 2-14 人工智能设计治理理论工具系统的总体分类[2]

人工智能设计治理理论体系工具系统具体可以分为九类：人工智能设计治理理论的法规工具、政策工具、控制工具、习俗工具、舆论工具、激励工具、技术工具、评估工具和知识工具（见图 2-15）。它们具有各自的运用模式。[3]

[1] 图片来源：作者自绘。
[2] 图片来源：作者自绘。
[3] 参见第一章图 1-3 设计治理九大工具系统的理论模型。

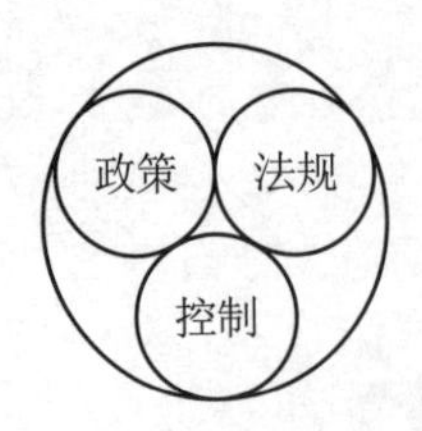

“政策法规类”工具系统

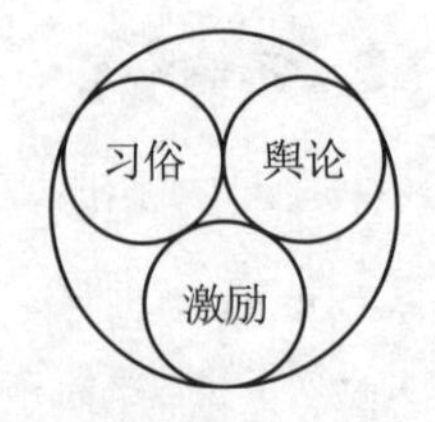

“习俗舆论类”工具系统

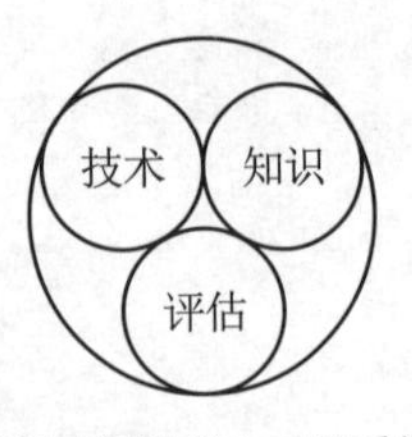

“技术评估类”工具系统

图 2-15　人工智能设计治理理论工具系统的具体分类[1]

3. 人工智能设计治理理论体系工具系统的性质

总体来说，人工智能设计治理理论体系工具系统具有指导和解决人工智能设计治理理论体系中全要素、全流程等全局性特性。具体而言，这一工具系统注重具体的可操作性价值，关注具体解决一定时间、空间的具体性事件问题。在工具系统应对通用性与个性的问题上，既具备一定范围的可复制的“共性”（工具、模式等），又能解决“场所性”“在地性”“当下性”等“个性”问题。

五、小结

本章的研究重点在于探索与构建中国自主人工智能设计治理理论体系的系统结构。这就涉及与之相关的两个核心问题：第一，中国自主人工智能设计治理理论体系的建构问题。中国自主人工智能设计治理理论体系内涵有知识体系、话语体系、学科体系的自主性三大方面。立足于设计治理在人工智能领域的必要性，构建中国自主的人工智能设计治理理论体系，是国家人工智能治理的战略需求，也是学科建设和发展需求，还是整个课题的题眼和关键问题。第二，设计治理在人工智能领域中的关键问题。立足于学科交叉，人工智能和设计都属于交叉性极强的学科，两者也呈现较强的系统性，将其进行交融整合，可以探索并实现设计治理在人工智能领域

[1] 图片来源：作者自绘。

的学科交叉路径。

本章有两个主要观点：第一，“设计治理”除具有“治理”的一般系统性的属性外，还表现为“设计治理即善治”——好的设计即善的设计，这是基于设计治理的内在结构（设计系统、治理系统），也是基于中国传统设计治理资源（设计治理与道、人、事、物、技、艺、工、法、和、情、善、乐），这就为探索中国自主人工智能设计治理奠定了理论研究基础。第二，“人工智能设计治理”是一个多维度、多视角的互动治理过程。这一过程包括人工智能设计的治理（Governance by AI Design）、人工智能治理的设计（Design by AI Governance），以及人工智能设计治理中的设计与治理（Design and Governance in AI Design Governance），是一个极具交互性的系统工程。

本章的创新之处体现为两个层面：从宏观层面来说，面对“自主与感知、智能与涌现、协同与群智”等人工智能的科学问题，在人工智能治理的宏观背景下，能够从设计治理的视角切入，进行中国自主人工智能设计治理理论体系研究，开展原创性和前沿性的探索，提出在最新人工智能前沿的理论。就微观层面而言，从“人工智能设计创新”与“人工智能设计治理”的关系来看，前者在于改变世界，后者在于改善世界，人工智能设计治理的目的和结果正是人工智能设计创新，而且是本质意义的创新，人工智能设计治理是在创新中不断优化完善的机制，这种机制的本质就是“创新中的创新”。

分　论

结构篇

第三章　人工智能设计治理的基础概念体系

一、引言

人工智能最早见于神话传说，直到第二次工业革命后，20世纪计算机科学与技术不断发展，它才逐渐由人类的想象走向现实。20世纪30年代英国数学家图灵提出了模拟人类数学演算智能的“图灵机”。40年代，美国神经学家沃伦·麦卡洛克（Warren McCulloch）和逻辑学家沃尔特·皮茨（Water Pitts）的基础研究《神经活动中内在思想的逻辑演算》(*A logical calculus of the ideas immanent in nervous activity*)[1]，奠定了人工智能仿生学派的理论基石。1956年美国达特茅斯学院举办的“人工智能”研讨会，标志着人工智能成为一个正式的学术领域。在达特茅斯会议后，人工智能的学术研究经历三起三落，诞生了符号主义、连接主义和行为主义等不同学派，它们根据不同科学理念提出了不同的人工智能设计方案。直到21世纪，拥有空前传感能力、运算能力和存储能力的机器连接成一个巨大的全球性网络，人类进入了屏幕、大数据与互

[1] McCulloch, W.S., Pitts, W. A logical calculus of the ideas immanent in nervous activity. Bulletin of Mathematical Biophysics 5, 115—133 (1943).

联网的时代，人工智能的发展迎来了新的高潮。不同于20世纪停留于学术界的人工智能，从自然语言处理到无人驾驶，21世纪的人工智能得到迅速的产业化，广泛应用到人类的社会生产与生活之中。同时，人工智能及其相关技术的商业化与普及化推动了自身的进化与迭代，人工智能的研究与应用形成正反馈循环式的加速发展。人工智能设计治理体系建构的第一步是建构体系化的概念框架。

二、智能设计：人工智能设计的基础概念体系

（一）智能

智能是人类特有的属性，它是人类认知、学习、存储、创造与应用知识的能力。随着科学技术的发展，人类开始探索智能的人工化，通过机器来对人类智能进行模拟、增强，形成智能科学与技术、智能制造、智能设计等研究领域。智能主要包括两大要素：记忆能力与思维能力。目前机器已经超越人类的记忆能力，但是在思维能力上尚无法与人类比肩。《韦氏词典》将智能定义为学习与应用知识的能力，有时候也可以特指“计算机功能”（the Ability to Perform Computer Functions）。在中文中，智能特指机器智能或人工智能。

1. 智能科学与技术

智能科学与技术（学科门类）中的“智能”既指人类智能，也指机器智能。智能科学与技术学随着人工智能的蓬勃发展而诞生，它是人工智能的学科化，它是脑科学、认知科学、计算机科学、数学、工程学等交叉而成的学科。智能科学与技术分为两个研究板块：智能科学研究的是智能的生物、数学与逻辑学本质；智能技术研究的是智能的人工化，即通过人工物（机器、药物）来模拟、增强、扩展人类智能。

2. 智能制造

党的十九大报告提出“加快发展先进制造业，推动互联网、大数据、人工智能和实体经济深度融合”，智能制造（技术体系）被写入国家发展战略。智能制造主要包含四个维度：智能产品、智能生产、智能产业模式和智能基础设施。智能产品是智能制造的主体，即实现了驱动或控制智能化的产品，相比于数控时代的产品，智能时代的产品具有更强的性能、功能与市场竞争力。智能生产是智能制造的主线，智能生产就是在产品的全生命周期中，实现设计与制造的机器辅助协同、集成、规划、仿真和优化，提升生产的效率与进度，减少生产的能源、材料消耗。智能产业模式就是定制化规模生产加服务型生产的模式。智能制造的基础设施主要包括信息物理系统（CPS）、工业互联网、智能制造网络信息平台、智能制造标准体系和智能制造信息安全保障系统。

3. 智能设计

和智能制造一样，智能设计中的智能涉及的是机器智能，智能设计可以理解为以人工智能为代表的智能技术在设计活动中的应用，或者说机器智能赋能设计。正如前文所述，智能设计也常被视作智能制造的一个板块。

我们在智能科学与技术、智能制造的相关研究中可以看到，智能化总是和数字化、网络化联系在一起。机器智能与数字、网络相关，但是智能并不等于数字、网络。我们可以把智能拆成“智”与“能”两部分来理解。一方面，《说文解字》提及“智，识词也”，“智”与知识（识）、符号（词）有关，符号是知识存储与传播的载体，我们可以把“智”理解为储存、学习、处理知识的能力，数字化即将知识用机器能理解的二进制语言表达出来，网络化则与数字化知识的输送、传播有关。另一方面，“能”即能动、自主，“能”是应用知识、解决问题的能力。我们可以借 AlphaGo 来理解什么是“智”与“能”。人工智能专家不懂如何击败人类围棋高手，但是人工智能专家设计了机器学习围棋对弈的算法，把围棋规则和围棋局势编码为机器能理解的语言，前者（算法）是 AlphaGo 的“智”，后者是 AlphaGo 的“识”。而 AlphaGo 自主训练、自主学习、自主决策击败人类围棋高手的过程就是 AlphaGo 的“能”。

虽然当前对于如何定义智能与人工智能存在着许多争议，但是现在可以确立智能与人工智能的以下三个属性：

1. 智能具有知识性

智能是个体与知识间的互动关系，知识是智能的基础，智能不是静态的知识，也不是知识的简单堆积，智能是一种不断存储知识、处理知识、学习知识和生产知识的能力。

2. 智能具有能动性

智能不仅理解知识、加工知识，还能应用知识。具有智能的个体面对知识，不是受动的，而是能动的——智能个体能主动运用知识作用于外界，解决现实中的问题。

3. 人工智能具有人工性

人工智能不仅是一个技术体系，还是一个人工物或人工体系。无论是用机器增强、扩展人类智能，还是让机器具有独立智能，人工智能一定是人类设计活动的产物。

布莱兹·帕斯卡尔（Blaise Pascal）说“人是会思想的芦苇”，弗里德里希·恩格斯（Friedrich Engels）说“劳动创造了人本身”，对于恩格斯而言，“真正的劳动”是一种智能性的劳动，即“从制造工具开始的”。智能，作为人的例外性，也定义了或创造了人本身——智人，即具有思想、能够制造工具的动物。智能最初是人类进化的结果，是现代人（智人）的祖先发生基因突变而获得的天生特性。但智能不仅具有先天的进化性，还具有后天的设计性。智能对于进化而言是一个偶然，恐龙在地球上进化了 1.6 亿多年，直到灭绝之前依然是茹毛饮血的低智能生物，然而当第一束智慧之光照耀在智人身上之后，人类的智能发生了爆炸性的增长，在短短的二十万年时间内，人类从洞穴出发，建立了城市，登上了月球，向宇宙进发。

这是因为人类的智能是一种设计智能，设计智能让人类能够创造，而人类设计品、创造物反过来不断增强、放大着人类的设计智能，这让人类智能的增长形成一个闭环的正反馈。这种智能凝结在人类设计、制造出来的人工物（如文字符号）上，得以传承、传播、转换复制和增殖，智能让人类的生产与生活成为文化。正是一代接着一代的文化堆垒，才令人类社会不会停滞下来。获得了这种智能的人类成为工匠，成为工匠的人类才得以突破天生的局限、环境的束缚，获得真正的自由。

人类工匠是一个能力有限的“造物主”，或许正因如此，诞生自人类内心的上帝，作为人类自身的延长线，被想象为一个无所不能的“钟表匠”，整个宇宙被认为是上帝设计出来的一台精妙的机器。虽说猩猩能用树枝制作简单的“工具”，白蚁能够建造雄伟的“城市”、畜牧“牲畜”、开设“农场”，但它们的“设计图纸”都刻录在这些动物的基因里面，呈现为动物的天性。这些动物“设计师”无法主动改变这些“设计方案”，只能接受自然的筛选。智人基因只记载了人类的设计智能这一“元设计”方案，人类后天创造的设计图纸并未储存于基因之中，而是从“元设计”中涌现出来。只有人类的设计超越了基因，因而是真正自由的。

人类的智能与人类的自由绑定在一起，同时与人类的幸福绑定在一起。卡尔·马克思（Karl Marx）、恩格斯认为理想的人类幸福就是人的自由与全面发展。很多人不理解在马克思的“自由王国”中，为什么“劳动成为生活的第一需要”。因为马克思这里的

“劳动”就是设计与创造。人类的设计与创造必然是一种建构人工世界的劳动，但建构人工世界的劳动不一定是创造（设计）性的劳动。理论上，人类的设计智能程度越高，人工世界建构中非创造性劳动的占比就越低。人工世界的建构者就是所谓的工匠，人类文明可以根据劳动形态分为“工匠时代”“工匠化时代”和“新工匠时代”。[1]“工匠时代”的人类处于无私有财产的原始共产主义社会，这个时代，人人都是工匠，人类的创造性劳动和非创造性劳动是浑然一体的。从私有制诞生开始到今天，人类处于“工匠化时代”，社会生产形成了创造性劳动和非创造性劳动的分类，从高级工程师、明星设计师到流水线工人，工匠不仅根据领域，还根据智慧程度，分化为不同类型的职业，工匠也渐渐不再被称作“工匠”，而是获得了各式各样、或高或低的新头衔。

在未来，随着人类设计智能的增长，人类有望进入“新工匠社会”——在这个社会中，非创造性劳动被机器所接手，人类智能得到机器的增强，人类智能（与人工智能融为一体）在双重解放下发生了爆炸性增长，人人都将成为只从事创造性劳动的新工匠，劳动会成为人类生活的第一需要。因为到这个时候，天工与人工、自然与应然、必然与自由的矛盾成为人类社会的主要矛盾，在私有财产结束了自己的历史使命后，重新联合起来的新工匠将会引领人类走向“自由王国”——劳动不再是人类身上的枷锁，而成了人类解放自身，走向自由的唯一途径。劳动不再是人们生活中的苦役与压迫，而是生活的意义与快乐。

但“新工匠社会”是一个“应该如何”（ought to be）的愿景，是一个未来社会的设计方案，它不是水到渠成的必然，而是巧夺天

[1] 邹其昌：《论中华工匠文化体系——中华工匠文化体系研究系列之一》，载《艺术探索》2016 年第 5 期。

工的建构。“新工匠社会”的建构关键在于智能设计的发展，人类智能是一种整合了高度的理性思维与感性思维，能够自我增殖的设计智能，智能设计学是对人类的“元设计”的研究——设计的起源在哪（我们为什么会设计）、它应该往哪里去（如何增强我们的设计能力）。智能设计学是当今与未来设计学的心脏。

人类的智能虽然是自由的，但却是有限的。人类的个体智能建立在人脑这一物质基础上，因而存在着物理限制——人脑的容量有限，它会成长，也会衰老、死亡。人类的集体智能虽说不会衰老、死亡，但它建立在社会纽带之上，有可能因天灾人祸的发生而溃散或倒退。智能设计研究的核心是解决人类智能的有限性问题。

（二）智能设计

党的十九大报告提出“加快发展先进制造业，推动互联网、大数据、人工智能和实体经济深度融合”[1]，智能设计作为智能制造的一环，被提升至国家发展战略的高度，成为一个关乎国运的设计分野。站在当代设计学体系建设的角度，智能设计的学科建设依然处在起步阶段。在当前设计学界，“智能设计”通常存在以下三层意义：

1. 人工智能设计——面向科研的智能设计

智能设计首先是指人工智能设计，智能设计即人工智能设计的简称。人工智能是一个人工体系，属于人工世界，是人类设计活动的成果。反过来，设计出来的智能必然是人工性的，人工智能与智能设计本来就是一体两面。人工智能概念的提出始于人类对机器智能的研究。

可以说，人工智能或智能设计诞生自科研。人工智能研究就是探索、改进与落地人工智能的设计方案，从某种意义上来看，人工

[1] 厉以宁：《贯彻新发展理念加快建设制造强国》，载《经济科学》2018 年第 1 期。

智能研究就是人工智能设计。随着人工智能的广泛落地应用与产学研的高度融合，当下人工智能的研究并不局限于以高等院校为代表的学术界，掌握着数据和资金优势的高科技公司成为今日智能设计研究的主力军。总的来说，人工智能设计主要是一种面向科研的智能设计。

2. 智能化设计——面向产业的智能设计

人工智能设计的对象是机器智能本身。智能化设计是机器智能在设计上的应用，即机器智能赋能设计——人类设计师借助各种有形或无形的智能工具，在不同程度上实现设计的自动化或者优化原有的设计方案。智能化设计主要是一种面向产业的智能设计。根据设计的自动化程度，可以将智能设计分为低程度的智能设计——机器辅助设计和高程度的智能设计——机器生成设计。低程度的智能设计能实现局部的自动设计，机器辅助设计是人类设计师借助智能工具自动完成设计过程中的子任务，例如，在 CAD 中机械制图时，输入圆角参数即可自动绘制圆角；使用 ANSYS 的有限元分析功能，可以对产品的结构设计进行自动优化。机器辅助设计可以理解为一种通用意义上的命令式设计，即在设计过程中，人类指挥机器自动执行一个个设计子环节。高程度的智能设计能实现整体的自动设计，机器生成设计是人类设计师设定初始目标（输入初始参数），机器自动生成完整的设计方案。现实中，设计方案的产出通常是经过多次反馈、修正的迭代成果，低度自动化的机器生成设计产出的低完成度的设计方案（草稿），需要人类设计师参与设计方案的迭代，高度自动化的机器生成设计能够实现方案的自动迭代，产出完成度较高的设计方案（近似最终方案）。人类只需向机器许愿，机器便能“从摇篮到摇篮”，完成一切设计任务，这便是终极的智能（化）设计。

3. 智能产品设计——面向消费的智能设计

智能产品设计，主要位于产业链终端，面向消费者，满足大众生活与工作需求。智能产品大多是植入了智能模块（如图像识别、语音识别）的既有产品，即“智能+产品”，例如，智能汽车、智能手机、智能手表和智能家电。汽车、手表、电灯等都是先于机器智能被发明的机械、电气产品，它们在植入机器智能后获得了更加丰富便利或前所未有的功能，变成了智能产品。智能产品中的智能系统，可分为离线机器智能与网络机器智能。离线机器智能——智能系统位于本地，通常是产品内部的一个模块；网络机器智能——智能系统位于云端的服务器，通常是产品外部的一套网络服务。智能产品可根据是否接入互联网，分为离线智能产品和联网智能产品。随着互联网（尤其是移动互联网）的普及、云计算的发展，当前联网智能产品成为主流，智能产品在未来将会连接成“物联网”（IoT），这是面向大众市场的产品设计的未来。先于互联网产生的本地智能产品设计体系可以追溯到20世纪的控制论，其代表性产品是导弹，到今天它基本上被云端智能产品所取代，但在军事、航天等特殊领域依然自成系统，其地位无可动摇。

以上三个类型的智能设计存在着密切的内在联系，人工智能设计属于元智能设计，是智能本身的设计，是其他智能设计的基础，位于智能设计的上游。智能化设计属于智能的工具化设计，是智能赋能设计。智能产品设计属于智能的产品化设计，是对智能赋能生活的设计，位于智能设计的下游。

（三）智能设计学

从设计的上游到下游，从象牙塔经产业链到寻常百姓家，可以将以上几个领域的智能设计研究合称为狭义的智能设计学，即20世纪以来以机器智能为核心的智能设计学。

但就设计学体系建构而言，智能设计学中的智能不局限于机器智能。由于智能设计的元设计特性，智能设计不仅位于设计学的前沿，也居于设计学的核心。智能设计学可以根据其主要议题分为三大板块：

1. 智能的技术设计学

智能的技术设计学的任务是解决如何实现智能增强的问题，它将智能设计问题视作一个位于人类生命外部的问题。智能的技术设计学面临的第一个问题，就是智能的本质是什么。不同的学科对智能的定义有所不同，它们以不同的视角窥探智能的本质。对于智能设计而言，智能的定义需要具有技术可操作性。站在设计学的角度，智能可以定义为自主解决复杂问题的能力。复杂问题，又称坏问题或棘手问题（Wicked Problem）[1]，通常是指一种缺乏边界或边界浮动的问题。一个问题倘若难以定义（确定边界条件），则难以求解。与复杂问题相对的是简单问题或好问题，这种问题是存在明确边界（定义）的。

复杂问题的求解在于问题的转化，例如，将没有边界的坏问题转化为一个近似的存在边界的好问题，用好问题来拟合坏问题，或者将复杂问题转化为多个子问题进行求解，如何确定问题的边界本身就是复杂问题下面的一个子问题。复杂问题的转化有赖于学习，学习是智能的一种内生性增长机制，它是一个降低问题信息熵的过程。智能可分为专门智能和通用智能，专门智能解决特定领域的问题，既包括好问题也包括坏问题，但从整体上来看这些问题都是存在边界的。通用智能解决的问题不限领域，它可以解决无边界的问题。人类的设计智能就是一种通用智能，这种通用智能可以分为学习智能和学习后产生的专门智能，学习智能是一种元智能，即一种增殖智能的智能。

[1] Buchanan, R. (1992). Wicked problems in design thinking. Design issues, 8(2), 5—21.

人类智能的增强可以根据智能的物质基础类型，分为生物智能设计（有机人工智能）与机器智能设计（无机人工智能）两条技术设计路径。生物智能是原生性智能，先于机器智能产生，是后者的设计基础。两种设计并行发展，但机器智能设计是当前智能设计的主流。生物智能是机器智能设计的唯一样板，故机器智能设计内部也分为以生物智能为原型的机器智能设计和另起炉灶的机器智能设计两条路径，以生物智能为原型的机器设计还可进一步分为以人类智能为原型的机器智能设计和以非人类的生物智能为原型的机器智能设计。

2. 智能的生命设计学

智能的生命设计学的任务是解决智能设计如何影响人类生命形态与人类的生命形态应该怎样的问题，它将智能设计问题视作一个位于人类生命内部的问题。迈克斯·泰格马克（Max Tegmark）认为生命形态的迭代存在三个版本[1]：

（1）生命 1.0：人类出现之前，生命的软件（思维结构）与硬件（物质基础）由进化产生，这是最不自由的状态。

（2）生命 2.0：人类出现之后，生命可以设计自身的软件，获得了一定的自由。

（3）生命 3.0：未来，生命可以设计自身的软件与硬件，真正主宰自己的生命。

人类建构人工世界的能力，主要取决于人类的设计智能。人类的智能存在着生物上的界限，而在生命 3.0 的时代，人类的生物界限被突破，人类掌握了生命设计，也即掌握了作为一切设计源头的元设计。生命设计的关键在于智能设计和意识设计。智能

[1] 参见［美］迈克斯·泰格马克：《生命 3.0：人工智能时代，人类的进化与重生》，汪婕舒译，浙江教育出版社 2018 年版。

是生物体维持生命存续的顶层机制，失去了智能的生命即自我失控的生命，只会走向自我毁灭。意识是智能活动的原点，意识让生命不再是基因的奴隶——一台基因控制的有机质机器，赋予了生命目标与意义。智能与意识其实是一体两面，对于人类而言，它们的本质都是大脑内部的神经活动。探索智能设计问题，同时也是在探索意识设计（意识的人工化）问题——意识的本质是什么？机器可以产生意识吗？生命的意识可以拷贝到机器上吗？对于人类而言，意识设计的诱惑不仅在于有望解决智能的有限性问题，还在于有望解决肉体的有限性问题，突破寿命的界限，实现个体的永生。

如果能解决意识设计问题，那么智能设计就不再单纯是一个人类生命外部的设计问题，而将转化为一个生命本身的设计问题。在这个意义上，智能设计可以分为：

（1）人机协同的智能设计——人工智能与原生智能、机器与肉体互相分离，独立存在，人类处于一种原生的生命形态。

（2）人机融合的智能设计——人工智能与原生智能开始融合，机器嵌入肉体（如人体芯片），人类处于一种半人工的生命形态。

（3）智械飞升的智能设计——人类实现意识的人工化，意识可以上传机器，肉体被机器取代，人工智能与原生智能完全融合，人类处于一种完全人工的生命形态。

3. 智能的社会设计学

智能的技术设计学和生命设计学属于智能设计的内部研究体系——前者研究的是人工物的内部，后者研究的是生命个体的内部，它们是智能设计学的“内学”。智能的社会设计学，属于智能设计的外部研究体系，它是智能设计学的“外学”，与基础设计学、实践设计学并列的社会设计学，最早是作为当代设计理论体系的三大板块之一被提出的[1]。

智能设计的治理问题是智能的社会设计学的核心议题。智能的社会设计学可以分为两大板块：一是研究智能设计的社会影响，即智能设计的社会学研究；二是研究如何支配、控制和调节智能设计的社会影响，即智能设计的治理研究或智能的治理设计研究。设计治理，是用设计的方式介入人类共同体的治理，设计治理本质是一种善治性的设计，与一般的设计不同，它致力于解决人工世界建构中的长远性、整体性问题，是一个反复再设计的长期过程。

与一般的设计治理不同的是，智能设计的治理是一种元设计治理，它一方面会带来治理问题，另一方面也能赋能治理。人工智能不仅是设计治理的对象，也能成为设计治理的主体。

（四）人工智能设计

人工智能是人类设计出来的获得或拓展了人类智能品质的人工体系。

1. 人工智能的属性

人工智能具有三大属性：

（1）知识性（“智”）。知识是智能的基础，人工智能的知识性，指机器具有与知识互动的能力，例如，储存知识、处理知识、应用知识等。

（2）能动性（“能”）。人工智能的能动性，指机器与知识的互动是自主的、自动的。这是人工智能系统与一般计算机系统的重要区别。

（3）人工性。人工智能是设计的产物，是人类设计出来的为人类服务的人工系统。

[1] 邹其昌：《“设计治理”：概念、体系与战略——“社会设计学”基本问题研究论纲》，载《文化艺术研究》2021年第5期。

2. 人工智能的结构

在不同的研究中，常常用“人工智能”来代替人工智能的不同结构，这就是为什么关于人工智能众说纷纭——有人认为人工智能是算法，是软件，是机器人。人工智能包括以下结构：

（1）内在结构。人工智能的内在结构或逻辑结构，决定了人工智能的本质。它包括数据和算法，数据（库）相当于人工智能的记忆模块，算法相当于人工智能的思维模块。

（2）外在结构。人工智能的外在结构是人工智能的表现形式。它包括虚拟性结构，例如，人工智能的程序、开发工具、开发框架、平台、应用等，还包括实体性结构，例如，传感器、人工智能芯片、人工智能嵌入的各种物理系统、开发和维护人工智能的企业等。

3. 人工智能的分类

历史上，不同的学派根据各自的学术理念提出了迥异的人工智能设计方案，根据不同学派建立的人工智能理论模型，人工智能可以分为符号主义人工智能（符号操作系统）、连接主义人工智能（人工神经网络与机器学习算法）和行为主义人工智能（控制系统）等。

人工智能的发展不仅在于理论模型等顶层设计的完善，还在于存储力、算力等底层技术的提升。根据智能程度，可以将人工智能分为：

（1）弱人工智能——不具备人类同等程度的智能。

（2）强人工智能——具备人类同等程度的智能。

（3）超人工智能——具备高于人类程度的智能。

根据人工智能的应用领域，人工智能可以分为：

（1）专门人工智能——只能解决有确定边界的问题，如围棋对弈。

（2）通用人工智能——可以处理不确定边界的“坏问题”，如建筑设计。

专门人工智能一定是弱人工智能，强人工智能一定是通用人工智能。

人工智能的发展，会加深人对自身，对人机关系的认识。人工智能不仅存在着“机器越来越像人”的发展趋势。在未来，人也有可能变得越来越像“机器”，人与机器越来越难区分。因此可以根据人机关系，将人工智能分为：

（1）人机协同的人工智能——人工智能与人类、机器与肉体互相分离，独立存在。

（2）人机融合的人工智能——人工智能与人类融合，机器嵌入肉体（如人体芯片），人类普遍成为赛博格（Cyborg）。

（3）智械飞升的人工智能——人类掌握意识上传的技术，人类智能完全人工化，人类实现永生的同时进化为一个全新的人工物种。

人类的智械飞升可能位于遥远的未来。人机协同的模式，可能是当下人工智能发展更为普遍、现实的路径。可以进一步根据人机协同关系，将人工智能分为：

（1）工具型人工智能——人工智能是没有意志、情感的工具，它是没有政治权力的人工物，位于治理的底层。

（2）公民型人工智能——人工智能获得意志、情感，成为人类社会中具有一定政治权力的“公民”，位于治理的中层。

（3）巨灵型人工智能——超级人工智能成为人类社会中的“机器利维坦”，拥有最高政治权力，位于治理的顶端，人类社会成为一个人工智能治理的乌托邦。

4. 人工智能设计的特性

和一般的人工物设计相比，当前的人工智能设计具有以下几个特性：

（1）嵌入性：人工智能通常不是以一个独立的系统的形式存在的，而是依附于某个平台，或者嵌入某个系统，例如，翻译平台上的人工智能、人脸识别系统中的人工智能。当前人工智能设计主要是系统中的智能模块设计。

（2）成长性：人工智能的设计不是一次性完成的，而是一个不断迭代、更新、完善、再设计的设计治理流程。人工智能设计包括人工智能作为设计对象的设计和作为设计主体的设计两层含义。人工智能也是一个设计主体，具有设计自我、塑造自我的能力，机器自主学习、自主训练就属于机器的自我设计。和人类智能一样，人工智能也会不断成长、进化。

（3）复杂性：人工智能是一个复杂的人工系统，智能是从大量简单系统（神经元）的相互连结、相互作用中涌现出来的。这个从大量输入的数据中涌现出答案的机器学习过程依然缺乏可解释性，存在着较大不确定性。这个技术的黑箱，是设计的空白，意味着人工智能系统的风险性与失控性，是人工智能设计治理要解决的重要问题之一。

（五）总结

人工智能设计是人类对智能人工化的探索，与一般设计相比，人工智能设计具有双重性——人工智能既是设计的对象（“机”），也能成为设计的主体（“人”）。

它包括专家设计主体与机器设计主体两个要素。根据两者间关系，人工智能设计可以分为：

其一，专家主体型人工智能设计——人类专家是人工智能的设计主体。

其二，机器—专家协作型人工智能设计——人类专家与机器同为主体，协作设计。

其三，机器主体型人工智能设计——机器成为机器内部或外部世界的设计主体。

根据人工智能自身的结构，人工智能设计包括：

其一，人工智能的本质——内在结构（逻辑结构）的设计，包括数据和算法。

其二，人工智能的形式——外在结构的设计，如软件、硬件、形象识别系统，等等。

三、设计治理：人工智能设计治理的基础概念体系

（一）治理

设计与治理是同一项人类实践的不同侧面。“治理”和“统治”一样，是人类生活世界中管理的基本方式。“统治”是指令性、中心化的管理，而“治理”是基于去中心化的自组织网络，使用多种治理工具的管理。管理具有设计、规划的性质，它是一种合理性组织与配置人力、财产、物资等生产生活要素的活动。“治理”和“设计”一样，是建构人工世界的基本方式，治理更侧重于人工世界的秩序建构。两者都致力于解决人工世界的问题，治理站在共同体（地方、国家、全球）的层面解决问题，目标是人工世界的秩序建构（“善治”），治理的主体是共同体（地方、国家、国际）。

（二）设计治理

人工世界是一个不断发展、完善、运动的体系，人工世界的建构需要多方合力，牵涉多方利益，因而人工世界的建构，不仅需要设计，还需要治理。设计治理是社会设计学的基本范畴，是国家治理体系的一部分，它是以设计的方式来介入或融入共同体的治理。恩格斯在《劳动在从猿到人转变过程中的作用》中也谈到了设计意料之外的社会后果及其治理的问题。

和生产一样，人类的设计活动也是社会化的。其一，随着人工

世界的复杂化，设计活动的社会分工在不断趋向复杂化；其二，人类设计出来的人工物会对社会产生不同程度的影响，一座高楼大厦会占用土地，影响环境，牵涉多方利益。很显然，它对社会的影响要大于一双筷子。与蒸汽机相比，高楼大厦的影响力则小多了。处理人工物社会化问题的设计就是设计治理。从广义上看，所有的设计都涉及治理问题，理想的设计都是一种“善治”的设计。但为了方便讨论，可以根据人工物社会化的程度，把设计与设计治理视作两种设计模式——设计解决的是人工世界建构中短期性、局部性问题，设计治理解决的则是长远性、整体性问题。

设计治理包含技术与伦理的考量，包含技术的设计治理与伦理的设计治理。在技术方面，人工智能技术的设计治理是一个反复再设计的长期过程，人工智能的设计治理与技术创新具有一致性。在伦理方面，没有技术的设计是无法实现的，但没有设计的技术是没有价值的。人工智能技术的设计治理是追求创新与安全，道德与效率的统一。人工智能技术的设计治理是为技术建构价值，设计治理超越了技术治理（以技术为中心），也超越了伦理治理（基于特定利益集团的价值系统），它是一种从人类整体利益出发，以人为中心，以人类命运共同体为中心的治理模式。

（三）人工智能设计治理体系

人工智能的设计治理，既是一个人工智能赋能下的人工世界的秩序建构问题，也是一个设计赋能人工智能治理的问题，人机秩序的建构问题是人工智能设计治理的核心，人工智能的设计治理本身就是一个设计治理体系。

人工智能设计治理体系主要分为两大板块：

其一，人工智能作为设计对象要素（人工物、承受者、被设计者）的治理。

其二，人工智能作为设计主体要素（造物者、主动者、设计者）的治理。

故人工智能设计治理体系包含以下三个层次：

1. 人工智能设计治理

对于人工智能设计治理而言，人是人工智能设计主体。人工智能设计治理是对人工智能的设计主体、设计过程的设计治理，主要包括人工智能设计者的治理、人工智能设计组织的治理、人工智能设计制度的治理、人工智能设计工具的治理、人工智能设计框架的治理、人工智能设计平台的治理、人工智能设计流程的治理和人工智能设计方法的治理等。

2. 人工智能的设计治理

对于人工智能的设计治理而言，人工智能是设计对象。人工智能的设计治理是对人工智能作为影响社会的设计物、技术物的设计治理，主要包括人工智能的技术（数据、算法、芯片）的设计治理、人工智能应用（企业级、消费者级）的设计治理、人工智能用户的设计治理、人工智能社会的设计治理和人工智能风险的设计治理等。

3. 人工智能设计的设计治理

对于人工智能设计的设计治理而言，人工智能成为设计主体。人工智能设计的设计治理即对人工智能作为设计主体的设计治理，它是人工智能治理体系中的特色议题。人工智能设计的设计治理，主要包括两大板块：

（1）内部设计治理。人工智能设计的内部设计治理，即当人工智能成为设计主体后，对自身的设计治理，它包括：

人工智能设计的自我治理——人工智能的设计自治。

人工智能设计的机—机治理——人工智能之间的设计治理。

人工智能设计的人—机治理——人与人工智能之间的设计治理。

（2）外部设计治理。人工智能设计的外部设计治理，即人工智能成为设计主体后，对外部人工世界的设计治理，它主要包括人工智能设计的社会设计治理、人工智能设计的艺术设计治理、人工智能设计的技术设计治理和人工智能设计的工程设计治理等方面。

（四）中国人工智能设计治理体系

中国人工智能设计治理体系是中国现代治理体系的一部分，是中国体系的一部分。中国人工智能设计治理体系建构，既是一个中国人工智能科学与技术理论体系的建构问题，也是一个中国设计学理论体系的建构问题。中国人工智能设计治理体系是一个中国自主的设计治理体系，只有自主、创新、独立，才能真正走向世界高端，中国自主包括理论的自主、技术的自主、设计的自主、标准的自主、工具的自主、话语的自主，以及数据的自主等多方面，人工智能技术的自主、设计的自主和设计治理理论的自主是中国人工智能设计治理体系的核心。中国人工智能设计治理体系继承了中国传统设计治理资源的设计治理体系，中国传统设计治理的元典《周易》也是现代智能科学的渊源之一。建构中国人工智能设计治理体系，中国传统设计治理资源依然有待我们挖掘、学习与继承。

（五）总结

设计治理属于国家治理体系，是社会设计学的基本范畴。它是一种从人类整体利益出发，解决人工世界建构中长远性、整体性问题的“善治”。

人工智能设计具有双重性，故人工智能设计治理包含三个方面：

其一，人工智能作为“工具”（人工物）的设计治理。

其二，人工智能作为“设计师”（设计主体）的设计治理。

其三，人工智能作为“公民”（担任设计主体以外的社会角色）的设计治理。

四、中国自主：人工智能设计治理理论的基础概念体系

根据人工智能设计的双重性，人工智能设计治理理论体系包括：

1. 人工智能设计治理理论

人作为人工智能设计主体的设计治理理论，主要包括设计者的治理、设计组织的治理、设计制度的治理、设计工具的治理、设计平台的治理，以及设计企业的治理等方面的理论。

2. 人工智能的设计治理理论

人工智能作为设计对象的设计治理理论，主要包括人工智能的技术（数据、算法）的设计治理、产品的设计治理，以及风险的设计治理等方面的理论。

3. 人工智能设计的设计治理理论

人工智能作为设计主体的设计治理，包括：

（1）内部设计治理（AI 对自身的设计治理）理论，主要包括人工智能设计的自我治理、机—机治理，以及人—机治理等方面的理论。

（2）外部设计治理（AI 对外部世界的设计治理）理论，主要包括人工智能设计的社会设计治理、艺术设计治理和技术设计治理等方面的理论。

建构中国自主人工智能设计治理理论体系，就是在探索人工智能设计治理的普遍性问题的基础上，进一步探索人工智能设计治理的中国性问题：

（1）中国自主，是要破除对外来体系的依赖，建构符合中国国情、具有中国价值、体现中国精神、展现中国气派的人工智能设计治理体系。

（2）中国自主，在应用上是要开发有中国特色的人工智能的设计法规、设计政策、设计习俗、设计评估、设计舆论、设计激励和设计控制等设计治理工具系统。

（3）中国自主，在研究上是要建立自主的人工智能设计治理知识体系、话语体系、学科体系，扎根中华设计治理文脉，挖掘与继承中国传统设计治理资源。

第四章　中国自主人工智能设计治理工具系统

一、引言

自 1950 年阿兰·图灵（Alan Turing）在《计算机器与智能》（*Computing Machinery and Intelligence*）一文中提出“会思考的机器”（Thinking Machine）这一人工智能概念的雏形以来[1]，人工智能已发展七十余年，经历了 20 世纪六七十年代第一次机器学习浪潮、七八十年代人工智能研究的第一个寒冬、八九十年代人工智能研究的第二次浪潮，以及 90 年代人工智能研究的第二个寒冬。2016 年，DeepMind 公司研发的算法 AlphaGo 战胜了围棋世界冠军李在石，在世界范围引领了人工智能研究的深度学习浪潮[2]。此后，人工智能研究迅速迈入以数字技术为引导的新一代人工智能发展时代，相继诞生了 Sophia（Hanson Robotics，2016）、自动驾驶汽车 Uber（Urber，2018）、ChatGPT（OpenAI，2022）、Mdjourney（Mdjourney，2023）等阶段性成果，广泛应

[1] 康荣杰、杨铖浩、杨名远等：《会思考的机器——机械智能》，载《机械工程学报》2018 年第 13 期。

[2] 唐振韬、邵坤、赵冬斌等：《深度强化学习进展：从 AlphaGo 到 AlphaGo Zero》，载《控制理论与应用》2017 年第 12 期。

用于智慧城市、智慧教育、智能医疗和数字艺术等社会生活各领域，开启了人工智能发展的第三次浪潮。

学术界一般认为，人工智能的发展大致可归纳为弱人工智能、强人工智能、超人工智能三个阶段[1]，当前国内外的人工智能研究应用尚处于弱人工智能阶段。呈几何级数增长的人工智能设计既提供了无限广阔的前景，亦带来了前所未有的伦理危机，信息茧房、算法偏见、算法操纵和虚构信息等挑战，极大地引发了公众对人工智能是否会脱离善意轨道的担忧，唤起学术界对于人工智能治理的关注。总体而言，国内外新一代人工智能治理研究已取得丰硕成果，具有重要的学术价值，但是由于当前治理研究中仍存在治理结构僵化、治理方法滞后、治理范围狭隘等主体、对象、流程方面的问题。因此，整体而言，人工智能的治理仍存在着僵化、滞后、狭隘、碎片、复杂等现象。

如何理解人工智能设计治理的全局性、复杂性、全要素、全流程的普遍性问题，解决人工智能设计治理的本土问题是本次研究的核心。本研究立足于当代设计学体系中社会设计学体系的“设计治理”这一核心概念[2]，建构中国自主人工智能设计治理理论体系，提出中国自主人工智能设计治理工具系统，旨在界定人工智能设计、人工智能的设计治理、人工智能设计的治理，以及人工智能设计治理等概念，理解人工智能设计治理中全要素、全流程、全局性的治理问题，解决具体时间、空间的“场所性”“在地性”“当下性”等中国本土的“个性”化人工智能设计治理问题，为未来强人工智能阶段、超人工智能阶段的主体人工智能治理提供理论储备，以此

[1] 徐英瑾：《人工智能技术的未来通途刍议》，载《新疆师范大学学报（哲学社会科学版）》2019 年第 1 期。

[2] 邹其昌：《“设计治理”：概念、体系与战略——“社会设计学”基本问题研究论纲》，载《文化艺术研究》2021 年第 5 期。

实现治理能力最大化。

二、弱人工智能时代的人工智能设计治理问题

自1950年起，人工智能已经历了七十余年的发展。1956年，赫伯特·西蒙、克劳德·香农（Claude E. Shannon）等科学家于达特茅斯会议深入讨论"如何用机器模仿人类学习"的议题，首次提出"人工智能"这一后世广为人知的概念[1][2]。20世纪六七十年代，爱德华·费根鲍姆（Edward Feigenbaum）提出启发式的解题方法，开启人工智能的第一次机器学习浪潮。[3] 20世纪七八十年代，受限于彼时的计算机算力，人工智能研究的进展缓慢，无法切实解决真实世界的复杂社会技术系统问题，由此进入人工智能发展的第一个寒冬。在此期间，玛格丽特·博登（Margaret Boden）等学者开展如何通过神经网络理解层级结构的研究，为人工智能研究的破冰奠定了基础。[4] 20世纪八九十年代，日本投资开展第五代计算机项目研发[5]，汉斯·柏林格（Hans Berliner）开发了人工智能机器人Gammonoid，算法的升级为人工智能的发展注入强劲的动力，人工智能的研究迎来第二次浪潮。但是由于其仅能解决特定社会情境中的问题，不具有泛化性，因此，此后六年间人工智能研究的发展步入停滞，进入第二个冬天。

[1] McCarthy J, Minsky M, Rochester N, et al. A proposal for the dartmouth summer research project on artificial intelligence, August, 31, 1955. AI Magazine, 2006, 27(4):12—14.

[2] 吴飞：《回望人工智能原点：达特茅斯会议》，载《科学》2023年第4期。

[3] 张妮、徐文尚、王文文：《人工智能技术发展及应用研究综述》，载《煤矿机械》2009年第2期。

[4] 参见［英］玛格丽特·博登：《AI人工智能的本质与未来》，孙诗惠译，中国人民大学出版社2017年版，第94—102页。

[5] 韩小文、潘爱华：《第五代计算机及其认知逻辑方法》，载《前沿科学》2007年第1期。

20世纪90年代后期，国际商业机器公司（International Business Machines Corporation，IBM）研发的电脑Deep Blue击败了国际象棋世界冠军加里·卡斯帕罗夫（Garry Kasparov），人工智能的研究又一次迎来破冰期。[1]

2016年，DeepMind公司研发的算法AlphaGo战胜了围棋世界冠军李在石，在世界范围引领人工智能研究的第三次浪潮。[2]此后，人工智能研究迈入以数字技术为引导的新一代人工智能发展时代，相继孕育了Sophia（Hanson Robotics，2016）、自动驾驶汽车Uber（Urber，2018）、ChatGPT（OpenAI，2022）、Mdjourney（Mdjourney，2023）等阶段性成果，并已广泛应用于智慧城市、智慧教育、智能医疗和数字艺术等社会生活各领域。

纵观人工智能的发展历程，其经历了三次浪潮期与两次寒冬，目前正处于人工智能的第三次浪潮期。[3]人工智能技术的应用推动人工智能设计的深化发展，人工智能设计是人类对智能人工化的探索。就自身结构而言，人工智能设计可分为内在结构的设计（数据和算法）与外在结构的设计（软件、硬件、形象识别系统）。就设计主体而言，人工智能设计既是设计的对象（“机”），也是设计的主体（“人”）。总体而言，人工智能设计分为弱人工智能、强人工智能、超人工智能等三个阶段，分别对应以人类专家为主体的“专家主体型人工智能设计”、人类专家与机器同为主体开展协作设计的“机器—专家协作型人工智能设计”、机器成为机器内部或外

[1] 梅清豪:《卡斯帕罗夫负于深蓝——从“人机大战”看企业创新策略》，载《国际市场》1997年第9期。

[2] Wang F, Zhang J J, Zheng X, et al. Where Does AlphaGo Go: From Church-Turing Thesis to AlphaGo Thesis and Beyond. IEEE/CAA Journal of Automatica Sinica, 2016, 3(02):113—120.

[3] 蔡自兴:《明斯基的人工智能生涯》，载《科技导报》2016年第9期。

部世界设计主体的“机器主体型人工智能设计”。因此，在人工智能不同发展阶段，既可由专家作为设计主体，又可由机器作为设计主体。

当前国内外的人工智能研究应用尚处于弱人工智能阶段。呈几何级数增长的人工智能设计既提供了无限广阔的前景，亦带来了前所未有的挑战。2016年，AI聊天机器人Tay与AI机器人Sophia分别在对谈中涉及种族主义、性别歧视和毁灭人类言论。2018年，由AI算法驱动的自动驾驶汽车Uber在测试时失灵导致行人死亡。2023年，大语言模型ChatGPT虚构澳大利亚赫本郡郡长布赖恩·胡德（Brian Hood）参与贿赂的丑闻。诸如此类与人工智能的应用相伴随的伦理危机、信息茧房、算法偏见、算法操纵和虚构信息等事件极大地引发了公众对人工智能是否会脱离善意轨道的担忧，唤起学术界对于人工智能治理的关注。

自2016年起，世界各国相继开展算法治理[1]、舆情治理[2]、网络治理、伦理治理[3]、法律治理[4]、信息治理、政策治理、系统治理、节点治理、协同治理[5]、政府治理及机构治理等多维度的人工智能治理探索。目前，我国亦进入了人工智能治理的行列，经历了探索式治理、回应式治理、集中式治理和敏捷式治理的发展阶段，在宏观层面已经形成以逻辑内核、秩序重构、监管响应为核心的治

[1] 贾开：《人工智能与算法治理研究》，载《中国行政管理》2019年第1期。

[2] 李明德、邝岩：《大数据与人工智能背景下的网络舆情治理：作用、风险和路径》，载《北京工业大学学报（社会科学版）》2021年第6期。

[3] 王钰、程海东：《人工智能技术伦理治理内在路径解析》，载《自然辩证法通讯》2019年第8期。

[4] 吴沈括、罗瑾裕：《人工智能安全的法律治理：围绕系统安全的检视》，载《新疆师范大学学报（哲学社会科学版）》2018年第4期。

[5] 谭九生、杨建武：《人工智能技术的伦理风险及其协同治理》，载《中国行政管理》2019年第10期。

理工作框架[1]，在微观层面着力于解决人工智能在社会应用场景中产生的问题，由企业、科研机构、非政府组织和用户等参与协同治理。

纵观国内外人工智能治理现状，总体而言，国内外的新一代人工智能治理研究已取得丰硕成果，具有重要的学术价值，但是由于当前人工智能治理的研究过度关注人工智能技术，忽略了人工智能的社会问题，因此其尚未明确区分人工智能设计（人工智能是设计的对象）、人工智能的设计治理（人工智能是设计治理的对象）、人工智能设计的治理（人工智能设计是治理的对象），以及人工智能设计治理（前三者均是设计治理的对象）四者的关系，治理研究中仍存在治理结构僵化、治理方法滞后、治理范围狭隘性等主体、对象、流程方面问题，存在僵化、滞后、狭隘、碎片、复杂等现象。同时，当前研究局限于弱人工智能阶段的客体人工智能治理，尚未实现对未来强人工智能阶段的主体人工智能的理论储备，未充分展现人工智能治理的跨领域协同效力。

三、社会设计学体系与设计治理工具体系

当代设计学体系是不同于传统中国理论体系和现代西方理论体系的中国特色的中国当代设计理论体系（亦即“中国有根”“中国式”或“中国自主”的现代化设计学理论体系），解决中国自己的设计学科建构问题。[2] 在当代设计学三大主要体系中，社会设计学整合了基础设计学体系和应用设计学体系，旨在研究设计资本、设

[1] 姜李丹、薛澜：《我国新一代人工智能治理的时代挑战与范式变革》，载《公共管理学报》2022 年第 2 期。

[2] 有关“当代设计学体系、社会设计学体系、设计治理”的嵌套关系与基本框架详见笔者《“设计治理”：概念、体系与战略——“社会设计学”基本问题研究论纲》一文，限于篇幅，在此不展开论述。

计治理和设计世界等内容，实现设计秩序与社会秩序的真正统一，构成真正的设计世界[1]。

正如绪论“设计治理体系论纲”所述，设计治理是社会设计学的核心范畴，旨在以设计为基础，构建以人为中心的治理模式，关注人类整体利益，解决人工世界建构过程中的长远性、整体性问题。设计治理具有整合性与协同性的优势，是开放式治理、闭环式治理、有形治理、无形治理、精神治理和文化治理的有机统一，善于解决社会中包含多学科知识的复杂性问题，用跨学科、跨领域的方式来进行设计治理，建构设计秩序与社会秩序，更好地解决社会各领域问题。设计治理是善治，追求的是在使用设计产品（有形的或无形的）过程中所自然实现的合理化、秩序化和审美化的善意设计。[2]

设计治理是设计学实践性质的集中体现，而设计治理工具体系是设计治理的焦点所在，注重具体的可操作性价值，解决一定社会情境中具体设计问题。我们尝试提出设计治理工具体系框架，包含九大设计治理工具。

其一，设计治理的法规工具系统是在法律的框架内开展设计治理的方式，包含国际公约等具有法律效力的规则，特指为了一定社会情境中的设计行为制定专门的法律。

其二，设计治理的政策工具系统是比法规工具更具时效性的治理工具，是基于一定时期的某一具体事务制定的政策而开展的设计治理。

其三，设计治理的习俗工具系统有别于法规、政策类治理工

[1] 邹其昌：《“设计治理”：概念、体系与战略——“社会设计学”基本问题研究论纲》，载《文化艺术研究》2021 年第 5 期。
[2] 邹其昌：《“设计治理”：概念、体系与战略——“社会设计学”基本问题研究论纲》，载《文化艺术研究》2021 年第 5 期。

具，具有约定俗成的特征，是体现中华民族精神价值追求的文化治理工具。

其四，设计治理的技术工具系统旨在正确引导技术的正向价值、避免技术的破坏性后果，是衡量人类进步、彰显人类本质力量的治理工具。

其五，设计治理的评估工具系统是关注人类与国家需求，是以生态原则为重要原则且体现人类长远价值的治理工具。

其六，设计治理的舆论工具系统旨在充分利用社会舆论正面价值，服务社会发展与社会秩序建构，是美好生活世界建构的推动者，亦是包含法规、政策、习俗和技术等问题的综合性设计治理工具系统。

其七，设计治理的激励工具系统包含对设计过程中各类利益群体的评估，是通过对人的激励实现对利益群体的评估的工具。

其八，设计治理的控制工具系统不但着力于国家利益或长效机制，而且包含短期市场价值或短期效应，是国家为主导和市场为主导的两种治理方式相统一的工具。

其九，设计治理的知识工具系统是通过设计师与公民拥有的知识，构建有序的设计环境，实现共同体的共同价值的工具。[1]

四、中国自主人工智能设计治理理论体系

正如第二章“中国自主人工智能设计治理理论体系基本问题”所述，本书基于设计治理提出并建构中国自主人工智能设计治理理论体系，理解人工智能设计治理的普遍性问题，解决人工智能设计治理的本土问题。中国自主人工智能设计治理理论体系是“人工智

[1] 邹其昌：《“设计治理”：概念、体系与战略——“社会设计学”基本问题研究论纲》，载《文化艺术研究》2021 年第 5 期。

能理论体系”与“当代设计学体系”的交集领域，在遵循人工智能理论体系、智能设计理论体系、人工智能技术设计理论体系路径的同时，又遵守当代设计学体系、社会设计学理论体系、设计治理理论体系的研究路径。

（一）中国自主人工智能设计治理理论体系的建构必要

中国自主人工智能设计治理理论体系具有三大建构必要性：

第一，人工智能的发展需要建构中国自主人工智能设计治理理论体系。当前，人工智能正处于弱人工智能阶段，以深度学习为代表的人工智能技术正广泛应用于社会各领域。人工智能在为经济社会的发展注入新的动力的同时，也给人类社会的法律法规、伦理道德、社会治理等方面带来一系列新的挑战。由此，人工智能的治理问题已然成为国内外人工智能相关研究领域无法绕开的重要议题。通过中国自主人工智能设计治理理论体系的建构，可以理解人工智能设计治理中全要素、全流程、全局性的治理问题，为未来强人工智能阶段、超人工智能阶段的主体人工智能治理提供理论储备，以实现治理能力最大化。

第二，中国自主人工智能需要建构中国自主人工智能设计治理理论体系。中国人工智能设计治理问题既属于历史范畴，更属于实践范畴。就目前而言，人工智能治理的标杆依然是以美国为中心的西方国家，采取以政府为主导，企业、学术界、媒体和公民等多元参与的治理方式，实现负责任的人工智能和可持续的人工智能相融合的治理策略。[1] 中国人工智能的发展还是需要回归“中国”本土，从中国传统的设计治理资源中寻求致“善”的治理策略，以实现以“和”为终极目标的人、机和环境之间的优化共生。建构的中

[1] 曾毅：《人工智能技术在网络故障诊断中的运用》，载《信息与电脑（理论版）》2021年第21期。

国自主人工智能设计治理理论体系能够以设计的方式介入或融入人工智能的治理过程，理解人工智能治理过程中的局部性、整体性和长远性的问题，以人类命运共同体为中心解决具体时间、空间的“场所性”“在地性”“当下性”等中国本土的“个性”化人工智能设计治理问题。

第三，中国理论体系的完善需要建构中国自主人工智能设计治理理论体系。人工智能因其具有集技术性与社会性于一身的复合体属性[1]，不仅成为计算机科学的核心研究范畴，而且成为社会设计学研究的重要领域。中国人工智能设计治理体系研究的提出，既赋予当下中国人工智能治理策略崭新的内涵，又进一步补充中国当代设计理论体系的建构。建构中国自主人工智能设计治理体系，是国家治理体系现代化的需要，是设计学理论体系建设的需要，也是中国理论体系创新的需要，是为整个人工智能与设计理论体系的建设与发展作出的努力。因此，中国人工智能设计治理体系是中国当代设计理论体系的组成部分，同时也是中国理论体系的重要组成部分。

（二）中国自主人工智能设计治理理论体系的基本要素

正如上文所述，中国自主人工智能设计治理理论体系的基本要素可分为主体、对象、流程等。

第一，中国自主人工智能设计治理理论体系的主体特征表现为多元性和不确定性，主体要素包括“人”、“自主人工智能设计者”、政府机构、社会机构与成员。按照人工智能的不同发展阶段，其主体又可分为弱人工智能阶段的以人为主体、强人工智能阶段的人与机共同为主体、超人工智能阶段的人指导下的机器为主体。

[1] 姜李丹、薛澜：《我国新一代人工智能治理的时代挑战与范式变革》，载《公共管理学报》2022年第2期。

第二，中国自主人工智能设计治理理论体系的对象特征表现为多元性，对象要素包括自主人工智能设计者、人工智能设计品（有形设计品、无形设计品）、设计机构或管理部门出现的与各种人工智能设计有关的问题。

第三，中国自主人工智能设计治理理论体系的流程特征表现为全局性、过程性、建构性和非一次性，分为前期、中期、后期等阶段。设计治理前期可采用设计目标、设计调研、设计政策和设计法规等方式，设计治理中期可采用设计技术、设计干预、设计监管和设计控制等方式，设计治理后期可采用设计改善、设计激励、设计舆论和设计评价等方式。

（三）中国自主人工智能设计治理理论体系的系统结构

为了解决人工智能在设计层面的双重性问题，中国自主人工智能设计治理理论体系具有人工智能设计治理理论、人工智能的设计治理理论、人工智能设计的设计治理体系等结构。

第一，人工智能设计治理理论是以人作为“人工智能设计”主体对象，或作为设计主体要素（设计者）的设计治理理论，立足于人工智能设计的伦理、社会、法规等设计治理问题，强调人工智能设计者的社会性问题。其有两个研究重点：其一，设计者个人层面的设计治理，主要是对设计者技术操作规范、法规约束和伦理引导等进行设计治理。其二，设计者社会层面的设计治理，包括设计组织的治理、设计制度的治理、设计工具的治理、设计平台的治理，以及设计企业的治理等方面。

第二，人工智能的设计治理理论是以人工智能作为设计对象（影响社会的技术成果），或作为设计对象要素（人工智能的设计物、技术物、人工物）的设计治理理论，立足于人工智能的技术层面（数据、算法），强调人工智能的设计研发、产品应用和风险评估等问题。其有两个研究重点：其一，人工智能在核心技术层面

（数据、算法）的设计治理，主要研究人工智能的技术与设计的一致性过程、技术的设计性、设计的技术性问题。其二，人工智能在技术伦理层面的设计治理，是基于人类整体的利益（而非某个利益集团），以及设计的中立性原则（即由设计的技术层面的本质属性或本位属性决定的），主要研究设计治理如何应对人工智能技术运用目的、过程、结果等伦理问题，这也是在全球治理中构建“人类命运共同体”的关键问题。

人工智能设计的设计治理理论是以人工智能设计作为主体的设计治理理论，立足于人工智能设计的双重性，强调“自主人工智能设计者”内部与外部的设计治理。其有两个研究重点：其一，内部设计治理（人工智能对自身的设计治理）理论，主要包括人工智能设计的自我治理、机—机治理和人—机治理等方面的理论。其二，外部设计治理（人工智能对外部世界的设计治理）理论，主要包括人工智能设计的社会设计治理、艺术设计治理和技术设计治理等方面的理论。

五、中国自主人工智能设计治理工具系统

中国自主人工智能设计治理理论体系的“体系化”特征呼唤建构工具系统，以解决人工智能设计治理的全局问题。

首先，中国自主人工智能设计治理理论体系的基本要素需要建构工具系统。人工智能设计治理问题是涉及社会各领域、多部门的全局性问题，具有复杂性与抗解性，呈现出“过程性”“建构性”“非线性”特征，既无法以单一工具解决体系化问题，亦无法于单一时间段解决人工智能的一切阶段性问题。中国自主人工智能设计治理工具系统具有跨领域、整合性、全过程、多要素、匹配性、自动性、人文性和智慧性等特征，旨在整合现有的碎片化治理工具，开展中国自主人工智能设计治理问题的全维度治理，自动匹

配与对接人工智能设计与治理中的不确定问题，建立即时与长期相结合的治理机制。

其次，中国自主人工智能设计治理理论体系的“中国自主”要求建构工具系统。中国自主，是要破除对外来体系的依赖，建构符合中国国情、具有中国价值、体现中国精神、展现中国气派的人工智能设计治理体系。中国自主，在研究上是要建立自主的人工智能设计治理知识体系、话语体系、学科体系，扎根中华设计治理文脉，挖掘与继承中国传统设计治理资源。因此，应当开发有中国特色的人工智能的设计法规、设计政策、设计习俗、设计评估、设计舆论、设计激励和设计控制等工具系统，解决中国自主的人工智能设计治理问题。

最后，中国自主人工智能设计治理工具系统是开展人工智能设计治理的具体方式，是设计治理的九大工具系统在人工智能设计治理理论体系中的映射。作为工具系统，其可被拆分为人工智能设计治理的法规、政策、控制、习俗、舆论、激励、技术、知识和评估九大设计治理工具。按照设计治理工具在人工智能设计治理过程中的作用方式，可大致分为政策法规类人工智能设计治理工具系统、习俗舆论类人工智能设计治理工具系统，以及技术评估类人工智能设计治理工具系统。

（一）政策法规类人工智能设计治理工具系统

随着人工智能逐步迈向强人工智能、超人工智能阶段，人工智能设计的算力与智能越发强大，人机共生关系愈发复杂与不确定。与之相伴随的人工智能设计在法律层面的民事主体、人工智能创作的著作权归属、人工智能对人类产生伤害的责任判定、人工智能设计治理的数据保护，以及人工智能机器人的劳动权利等问题，对当前的政策、法规等规范管理工具系统提出了前所未有的挑战[1]。当前，尚需建构政策、法规和控制多元互动的政策法规类工具系统，改善单一法规工具无法完全解决的人工智能管理类问题，完善人工智能设计所需的基础法律环境。

中国自主政策法规类人工智能设计治理工具系统包含政策、法规和控制三类设计治理工具，以政府为主导，从源头上规范管理人工智能设计与人工智能治理的基础法律环境，维护人工智能设计的法律秩序，保证人工智能设计治理的参与者遵守行业规则，保护社会情境的人类利益，解决人工智能设计治理的刚性问题。

第一，人工智能设计治理的法规工具旨在从政府层面制定规范人工智能设计与治理的法律法规，规范人工智能设计与治理的应用范围，明确社会各领域在人工智能设计与治理中的职能范畴，保障人工智能设计、开发、应用过程中的数据隐私、伦理安全等，为人工智能设计治理提供完善的法律标准。同时，人工智能设计治理的法规工具是政府对人工智能设计治理长期目标的体现，具有长期稳定性，可以有效应对人工智能的不断更迭对法律提出的挑战。例如，政府可以制定数据信息保护法规，规定行业机构在人工智能设计过程中的权利范畴、信息数据的利用范围，保护用户的信息安全。

第二，人工智能设计治理的政策工具是政府部门、高校、科研机构和人工智能专家等组成的联合体制定的人工智能设计治理的指导性原则。与法规工具相比，其更有时效性，旨在及时回应人工智能发展中的问题，鼓励与推动人工智能设计治理体系的完善与发展，引导人工智能相关行业自愿遵守行业守则或投入人工智能治理，促进人工智能设计治理在具体产业领域的应用与转化，精准调

[1] 吴汉东：《人工智能时代的制度安排与法律规制》，载《法律科学（西北政法大学学报）》2017 年第 5 期。

控人工智能设计发展中的伦理与技术风险，确保人工智能设计治理服务于社会福祉。例如，地方政府可以制定人工智能设计在自然语言等具体领域的应用政策，鼓励行业机构投入相应领域的算法开发与具体实践。

第三，人工智能设计治理的控制工具旨在以政府和市场共同作为主导，不仅从政府方面加强对人工智能设计治理的全维度监管，设立人工智能设计治理的全要素规范，而且从市场方面以市场价值为导向推动人工智能设计的不断完善。虽然人工智能设计治理的控制工具与政策、法规工具均旨在以政府为主体，监管与把控人工智能设计治理的长期效果，但是控制工具更具灵活性，把市场纳入监管主体，能够起到全维度、全流程的规范作用。同时，既可以按照设计治理政策、法规、控制的内在时序性，在人工智能设计治理的不同阶段利用不同的治理工具，亦可以在人工智能设计治理的同一阶段同时使用多个设计治理工具，以实现治理能力的最大化。

（二）习俗舆论类人工智能设计治理工具系统

作为社会情境中相对独立但又保持团队关联的个体，人类需要借助与他人之间的多形式合作以实现自身的多维度需求，而这一合作形式又依赖于由社会秩序状态所呈现的他人行动预期与实际行为之间的一致性。[1] 法规与习俗共同构成了社会秩序的通约一致性。作为外生性秩序，法律固然可以基于国家权威设定权利运行的基本框架与应用规则，但是权利的产生及实现更需要社会习俗力量为代表的内生性秩序，法律无法亦无需替代由本土文化所培育的内生性习俗秩序。[2] 当前，尚需建构习俗、舆论、激励多元互动的习俗舆论类工具系统，与政策法规类工具系统共同构成外生、内生互动

[1] 周恒、庞正：《法治社会的四维表征》，载《河北法学》2018 年第 1 期。

[2] 丁慧、代瑞婷：《乡村治理中法律与习俗的统合研究》，载《理论界》2019 年第 9 期。

的人工智能设计治理环境。

中国自主习俗舆论类设计治理工具系统包含习俗、舆论、激励等三类设计治理工具系统，以民间机构与本土的历史文化，引导人民参与人工智能设计治理。

第一，人工智能设计治理的习俗工具是社会传承中逐步形成的行为、信仰等文化要素，具有较为稳定的特征，是本土文化的集大成者。其旨在充分考虑中国本土文化差异对人工智能设计治理的影响，在人工智能设计与治理的过程中尊重与保护当地文化习俗，满足不同地区的本土文化需求。同时，其亦有利于实现人工智能设计治理的本土化，构建符合中国国情、体现中国气派的人工智能设计治理体系。

第二，人工智能设计治理的舆论工具是人类在社会情境中对特定公共事件表达出的政治态度、观点与信念。[1] 随着互联网技术的不断发展，信息的传播方式正产生日新月异的变化，数字化的移动设备已经成为网络舆论的主要媒介。人们可随时获得感兴趣的网络信息，参与舆论话题。定制化、可视化、移动化与社交化已成为网络舆论的主要形态。日益数字化与现代化的“掌上舆论场”为网民提供了参与社会管理的时间与空间，为营造清朗空间提供了有力保障。[2] 因此，人工智能设计治理的舆论工具旨在破解人工智能运行中的算法黑箱问题，引导社会公众参与人工智能设计与治理的全流程，增进人工智能设计的可解释性，增进公众对于人工智能设计、治理的了解，提升人工智能设计治理的公平性与适应性。

第三，人工智能设计治理的激励工具旨在构建对于人工智能设

[1] 唐惠敏、范和生:《网络舆情的生态治理与政府职责》，载《上海行政学院学报》2017 年第 2 期。

[2] 杨维东、王南妮:《新时代政府网络舆论治理的路径拓展》，载《重庆社会科学》2018 年第 1 期。

计与治理的正向激励机制，鼓励政府部门与社会机构投入人工智能的设计、研发与应用，促进社会各领域在人工智能设计治理领域的通力合作，推进人工智能设计更好地服务社会情境中的实际问题。同时，因为激励是基于人们的利益和动机，通过奖惩机制以调节人类的行为的方式，分为正向激励与负向激励。人工智能设计治理的激励工具可以更好地引导人工智能设计治理相关利益方的积极性，理解和应对复杂的社会问题，同时也可以为个人的思想和行为提供更加清晰的指导和规范。

（三）技术评估类人工智能设计治理工具系统

治理本质上是对行为进行激励、约束、规制、引导的秩序和规则。[1] 随着人工智能设计治理环境与方式的不断发展和提升，其自身的规范和标准也在不断变化。因此，在使用这些工具系统时，需要对其进行不断的评估和反思，以确保能够满足当前的需求，并适应未来的变化和发展。同时，使用这些工具系统还需要具备相应的专业知识和技能，以确保工具系统的有效性和可靠性。当前，尚需建构技术、知识、评估多元互动的技术评估类工具系统，不仅治理人工智能设计的主体、对象问题，而且治理人工智能设计治理的全维度、全要素问题。

中国自主技术评估类设计治理工具系统包含技术、知识、评估等三类设计治理工具系统，构建自我指涉、持续优化的人工智能设计治理环境，应对知识的差异性、复杂性等基础风险。[2]

第一，人工智能设计治理的技术工具遵循人工智能的技术思维，从技术内生的风险角度理解人工智能治理的议题，即强调人工

[1] 王雎：《开放式创新下的知识治理——基于认知视角的跨案例研究》，载《南开管理评论》2009 年第 3 期。

[2] 王雎：《开放式创新下的知识治理——基于认知视角的跨案例研究》，载《南开管理评论》2009 年第 3 期。

智能技术本身是引导一切治理问题的源流，可以从人工智能技术的角度理解人工智能技术风险的内生性及其在整个治理步骤中的优先地位，并以“技术标准化方案”作为治理的工具选择[1]，旨在充分利用人工智能技术的自我指涉特征，促进人工智能技术的创新与应用，在人工智能设计的动态完善中正确引导人工智能技术的正向价值取向，避免人工智能的过度应用引起的数据泄露、伦理安全等破坏性后果。同时，技术工具具有自我指涉的特征，随着技术的进步，技术工具同样持续进步，改善现有技术工具的不足，为人工智能设计治理提供崭新的技术手段。

第二，人工智能设计治理的知识工具把知识治理视作制度设计或制度安排，是对知识管理所涉及的行为进行激励、引导、规范和控制的组织安排，包括治理结构的选择和协调机制的设计。[2]虽然人工智能是技术力量的彰显，但是不应该把技术作纯粹性的中性化对待，技术是有道德的，并且起着中介的作用，总是在调停人类的实践和经验。[3]

知识工具旨在建构以科学、文化、社会和经济等领域的知识为核心的人工智能设计治理知识结构，提升社会各领域对于人工智能设计、人工智能治理的理解能力，构建有序的人工智能设计与治理环境，既服务于弱人工智能设计治理，亦为强人工智能、超人工智能的设计治理提供理论储备。

第三，人工智能设计治理的评估工具旨在以服务国家发展战略和人类长远发展为导向，对人工智能设计治理的过程、结果进

[1] 庞祯敬、薛澜、梁正：《人工智能治理：认知逻辑与范式超越》，载《科学学与科学技术管理》2022年第9期。

[2] 王雎：《开放式创新下的知识治理——基于认知视角的跨案例研究》，载《南开管理评论》2009年第3期。

[3] 杭间：《系统性的涵义：万物皆“设计”》，载《装饰》2021年第12期。

行分析和衡量，整体评估人工智能设计的发展愿景，确定其应用场景与社会效益，为人工智能治理的理论创新和在社会各领域的应用提供决策依据。同时，评估工具同样具有自我指涉的特征，因为随着人工智能政策、法规、技术等因素的不断变化，评估所处的主客观条件亦在不断变化，所以需要不断学习与改进评估的方式，以保证评估方法和标准可以适用于人工智能设计与治理的各个阶段。

六、小结

自人类创造工具系统以来，对工具系统感到担忧的观点一直存在[1]。在第三次人工智能浪潮下，人工智能设计的算力与智能越发强大，呈几何级数增长的人工智能设计既提供了无限广阔的机遇，亦带来了前所未有的伦理危机、信息茧房、算法偏见、算法操纵和虚构信息等挑战，加深了对于工具系统的忧虑，对人工智能治理提出了崭新的挑战。当前算法治理、舆情治理、网络治理、伦理治理、法律治理和信息治理等治理方式存在治理结构僵化、治理方法滞后，以及治理范围狭隘等问题，出现僵化、滞后、狭隘、碎片、复杂等现象，无法充分地应对日益复杂的人工智能治理问题，必须立足于设计思维，建构跨领域的治理工具系统。

本章立足于当代设计学体系中社会设计学体系的“设计治理”这一核心概念，建构中国自主人工智能设计治理理论体系，提出中国自主人工智能设计治理工具系统，旨在界定人工智能设计、人工智能的设计治理、人工智能设计的治理，以及人工智能设计治理等概念，理解人工智能设计治理中全要素、全流程、全局性的治理问

[1] 杭间：《系统性的涵义：万物皆“设计”》，载《装饰》2021年第12期。

题，解决具体时间、空间的“场所性”“在地性”“当下性”等中国本土的“个性”化人工智能设计治理问题，为未来强人工智能阶段、超人工智能阶段的主体人工智能治理提供理论储备，以此实现设计治理能力最大化。

第五章 “巫”与“术”的碰撞：ChatGPT与人工智能设计治理

一、引言

“巫”（巫术）与“术”（技术）作为彼此密切关联但又有所区别的文化形态，在人类历史上扮演着不同的角色。然而，随着现代科技的发展，巫术与技术之间的界限开始模糊，特别是在人工智能领域，其技术发展给人类社会带来了前所未有的机遇与挑战。随着人工智能技术的快速发展，对建立具有自我意识的人工智能的探索已经取得巨大的进步，产生划时代的影响。人工智能将网络空间作为一个文化舞台，并在这个舞台上塑造其身份，而且这一身份有着越来越多的人类行为的种种特征。ChatGPT（Chat-based Generative Pre-trained Transformer）作为一种基于生成式预训练的自然语言处理模型，具有强大的语言生成能力，应用领域日益扩大，被广泛应用于社交媒体、客服机器人和虚拟助手等领域。然而，ChatGPT的广泛应用也引发了一系列的问题与争议，比如目前社会各界热议的关于其潜在的信息风险，以及伦理、隐私、道德、法律和公平性等问题的讨论。因此，如何进行人工智能设计治理，使技术的发展与社会的利益相平衡，成为一个重要议题。

二、由“巫”及“术”
——从巫文化视角看巫术与技术

（一）巫文化简考：从“与‘工’同意”到“与‘巫’同意”

从文化形态学的角度来看，“巫”可谓人类原始文化形态的主要运行特色。在漫长的文化史演进过程中，巫文化是人类在宗教崇拜、哲思、伦理、审美（主要是艺术审美）与科学理性等文化领域的前期文化准备。就人类“元文化”的文化根因和根性而言，其文化成因、模式、特征、功能和价值等文化要素，在很大程度上都可归纳到原始“巫文化”这一文化谱系和学术范畴。

“工”与“巫”从文字起源开始，在字形字义上便有着千丝万缕的联系。不论是从“巫”看“工”，还是由“工”观“巫”，都存在着“工巫同意”的现象和深刻含义——“工”与“巫”如一母同胞，你中有我，我中有你。在社会风俗变迁过程中，最初的“工”一直具有原始浓郁的“巫”性文化特质，随着“工”逐渐能够依靠自身的力量，尤其是能够掌握和使用工具后，“工”的神格化属性才逐渐让位于人格化属性，于是“巫”退隐于“工”背后，“‘巫’从大传统转移到了小传统，‘由巫到礼，释礼归仁’”[1]。

“巫”作为最早的汉字之一，其甲骨文“”和金文“”形似，小篆为“”。关于“巫”字的造型，学术界对其考释大体可归结为“工具说”[2]“方位

[1] 邹其昌：《工匠文化论》，人民出版社2022年版，第117页。

[2] 按：以张日昇、李孝定、王永诚及日本学者白川静之等为代表的学者认为“巫”为卜筮之筮，其造型来源于古代巫者卜筮时摆放工具（玉器）而成的交叉图案，义“象人有规矩也”的缘故，如李孝定所说，“许云‘象人有规矩也’，因疑工乃象矩形。规矩为工具，故其义引申为工作、为事功、为工巧、为能事”。参见李孝定编述：《甲骨文字集释》，“中央研究院”历史语言研究所1970年版，第1594页。

说”[1]“蓍草说”[2]“舞形说”[3]这几类。除此之外，还有学者将之释为一种人、地名、国名、神名。[4]综上，“工具说”是指“巫”的早期文字与卜筮的工具相关；“方位说”认为“巫”也可释为会意，即上横为天，下横为地，左右为四方，而在其中连结天地、沟通四方的人，便是巫；“蓍草说”是指巫与巫觋占卜所用蓍草相关；“舞形说”是指“巫”的小篆与“舞”的音形关联密切。

许慎《说文解字》除对“巫”作“舞”释义外，另有“与工同意”之说，这与他对“工”的“与巫同意”释义互为映照，形成“巫工同意”二者互训的观点，即巫“与工同意”，工“与巫同意”。通过对照《说文解字》“与工同意”与段氏注解，可见此说“不仅仅是同‘工’之本意，而是从字形扩展开来，借工之字

[1] 按：陆思贤释“巫”时持此观点：“巫师的职责是占问祭祀天地四方，构通神旨，甲骨文的巫字作‘[illegible]’，横表示天，下横表示地，左右两笔表示四方，中间的十字交叉，表示贯通天地四方。”参见陆思贤：《释甲骨文中的“巫”字》，载《内蒙古师范大学学报（哲学社会科学版）》1984年第4期。周凤五亦在《说巫》中首先对巫的身份进行详细考证，证实殷代巫有四方之名，且与四方之土、四方之风密切相关，因而将“巫”释为四方方位。周凤五：《说巫》，载《台大中文学报》1989年第3期。

[2] 源于《说文》释“筮”：“《易》卦用蓍也。从竹，从𢍰。𢍰，古文巫字。”段氏注“从𢍰”曰：“从𢍰者，事近于巫也。”这就将巫者占卜用的蓍草与𢍰、巫关联起来。参见（汉）许慎撰，（清）段玉裁注：《说文解字注》，上海古籍出版社1981年版，第191页。

[3] 按：《说文》谓：“女能事无形，以舞降神者也。象人两褎舞形。”其释义作为这一说法的代表性观点，乃从工之合体象形，以示奉玉舞而祭神。陈梦家在《商代的神话与巫术》中也持此说，认为小篆之“巫”是由甲骨之“舞”讹变而来，根据“舞”的字音及“巫”的字形讹变，将之释为舞。参见（汉）许慎撰：《说文解字》，中华书局1963年版，第100页。另参见陈梦家：《商代的神话与巫术》，载《燕京学报》1936年第20期。

[4] 参见［韩］赵荣俊：《殷商甲骨卜辞所见之巫术（增订本）》，中华书局2011年版。

形会巫之字义"[1]。葛兆光亦在《中国思想史》中说道："古代的'巫'字即两个'工'字以直角交叉重叠，'工'即古代的'矩'，原始的'巫'即操'矩'测天地的智者或圣者，与古'巫'字字形最近者为'癸'，'癸'（揆）亦有度量之义。"[2]可见巫是懂得用矩这类工具通天达地的智者，如《山海经·海外东经》云："帝命竖亥步……竖亥右手把算，左手指青丘北。"[3]其中"算"即算筹，是与矩类似的测量工具，而"古代的矩便是工形，用工字形的矩可以环之以为圆、合之以为方"[4]。此外，也存由音转义之说："假若为工匠之名，'工''官'双声，故亦借为官吏之义。"[5]同时，孙诒让对《考工记》中"百工"注曰："司空事官之属……掌营城郭，建都邑，立社稷宗庙，造宫室车服器械，监百工者，唐虞已上曰共工。"[6]可以看到"工"亦可指官职。在我国上古时期就存在过一个"巫官文化"的时代，"与古'巫'者职能最为接近的是'史'，'史'字也是手执一'中'，'中'可能是笔。对于天地宇宙的四极八方的把握，可能在早期就是'巫术'的中心"。[7]巫觋则通过巫舞发挥着通天达地的重要职能："《说文》所载古文之𤼈，字复从吅者，乃示欢呼歌舞。《周礼·女巫》云'凡邦之大灾，歌哭而请'，因知歌哭祈神，固亦巫之所

[1] 吉映澄：《从〈说文〉"巫工同意"之角度试探巫字义源》，载《文化学刊》2020年第4期。

[2] 葛兆光：《中国思想史》，复旦大学出版社2001年版，第18页。

[3] 方韬译注：《山海经》，中华书局2011年版，第250页。

[4] 张光直：《中国青铜时代》二集，生活·读书·新知三联书店1990年版，第43页。

[5] 鲁实先：《文字析义注》上册，王永诚注，台湾商务印书馆股份有限公司2014年版，第101页。

[6]（清）孙诒让撰：《考工记》，邹其昌整理，人民出版社2020年版，第458页。

[7] 葛兆光：《中国思想史》，复旦大学出版社2001年版，第18页。

职。"[1] 正因"祝、宗、卜、史"表现出与巫有密切关联的政治和文化形态，因此许慎才谓"巫工同意"。对此，《金文诂林》释"巫"时引高鸿缙《中国字例》之观点："工，百工百官也，故字横直皆为工。"另有张日昇的补充见解："……窃疑字象布策为筮之形，乃筮之本字。《易·蒙卦》'初筮告'注云：'筮者，决疑之物也。'筮为巫之道具，犹规矩之于工匠，故云'与工同意'。"[2] 由此可见，"巫工同意"，一则是借工之字形会巫之字义，二则是因上古时期工、巫皆是官职，故而互通。

从字源演变来看，"工"的甲骨文形象为"工"，下面为一空心方框，形似取象于一种建筑工具——夯打泥土、打制土方墩（坯）的石杵。金文"工"及战国文字"工"字体下方的方框被填满成实心，变成有装饰性的弧线，呈现具有切削功能的刀斧形。篆文"工"下方则变得平整，简化为抽象而平直的横线。"工"从甲骨文到篆文，直至后续文字，变化多集中在字体下半部分，故而考释者对其字源取象（意）考释颇丰，与之相关观点有许慎——"象人有规矩"、李孝定、杨树达——"矩形（曲尺）"、刘盼遂——"即'玉'字"、孙海波——"象连玉之形"、吴其昌——"象斧形"、邹景衡——"缫丝之器""凿形""版筑夯杵"、丁骕——"铸金之砧"、许进雄——"乐器"。[3] 以上各观点虽均存局限性和可疑之处，但显而易见的是，对"工"字释义多集中于器物和工具，属于用来改造自然的人造物，因此其本义有"工具"的属性。许慎在《说文解字》中对"工"释义曰："工，巧饰也。象人有规矩也。与巫同意。凡工

[1] 鲁实先：《文字析义注》上册，王永诚注，台湾商务印书馆股份有限公司 2014 年版，第 366 页。

[2] 周法高主编，张日昇、徐芷仪、林洁明编纂：《金文诂林》，香港中文大学出版社 1975 年版，第 2892—2893 页。

[3] 参见刘新民：《"工"字字源新考》，载《中国文字研究》2007 年第 2 期。

之属皆从工。𢒄，古文工从彡。”[1] 这里的“工”“象人有规矩”，是指那些能够利用“规矩”之类的人造工具来从事造物活动的技术人员，是与自然万物直接打交道者，并且在创物制器的过程中，他们不仅在意识层面深化了对物的认知，还在技术层面积累了丰富的实践经验，两者结合起来就体现出所谓“工”之“巧”。“‘工，巧饰也’，强调了‘工’所具有的特殊性质，即设计造物活动的两大基本性质——‘巧’（技术原则或技术设计原则）和‘饰’（艺术原则或艺术设计原则、审美原则）。”[2] 段氏在《说文解字注》以“彡者饰画文”释“巧饰”义，得出“惟孰于规矩乃能如是。引伸（申）之凡善其事曰工”[3] 的定义。

对本章而言，尤为关注的是对《说文解字》中的“与巫同意”的理解。徐锴在“工”下注：“为巧必遵规矩、法度，然后为工。否则，目巧也。巫事无形，失在于诡，亦当遵规矩。故曰与巫同意。”[4] 段玉裁亦从此说，云：“𢒄有规矩，而彡象其善饰。巫事无形，亦有规矩。而𠔁象其网袞，故曰同意。”[5] 两者在论及与“巫”之关系时，均提及“规矩”。段氏释曰：“直中绳，二平中准，是规矩也。”[6] 再看《说文解字》释“巨”：“巨，规巨也。从工，象手持之。”[7] 尤其是从篆书的字形看，“巨”字从“工”，其形象为

[1]（汉）许慎撰：《说文解字》，中华书局 1963 年版，第 100 页。

[2] 邹其昌：《论中华工匠文化体系——中华工匠文化体系研究系列之一》，载《艺术探索》2016 年第 5 期。

[3]（汉）许慎撰，（清）段玉裁注：《说文解字注》，上海古籍出版社 1981 年版，第 201 页。

[4]（汉）许慎撰：《说文解字》，中华书局 1963 年版，第 100 页。

[5]（汉）许慎撰，（清）段玉裁注：《说文解字注》，上海古籍出版社 1981 年版，第 201 页。

[6]（汉）许慎撰，（清）段玉裁注：《说文解字注》，上海古籍出版社 1981 年版，第 201 页。

[7]（汉）许慎撰：《说文解字》，中华书局 1963 年版，第 100 页。

一“工”手握画方形的矩尺，从而有更为具象的篆书“[illegible]”字。又以“巨或从木矢。矢者其中正也”[1]，引申为行为端正之意。此外，段氏引《周髀算经》注曰：“圜出于方，方出于矩。”[2]西汉末扬雄撰《太玄经·玄图》曰：“天道成规，地道成矩。”晋代范望注曰：“规圆矩方。”[3]可见在中国古代，人们对世界形态认知的基本模型是“天圆地方”。对此，张光直在《中国青铜时代》一书中说：“卜辞金文的巫字可能象征两个矩，而用矩作巫的象征是因为矩是画方画圆的基本工具，而由此可见巫的职务是通天（圆）地（方）的。”[4]至此说来，正如“工”的字形构造——上横为天，下横为地，中竖为人，“工”与“巫”通过“规矩”产生关联，“规矩”在此由一种具象的刻绘工具，逐渐演化为一种抽象的法度属性，继而产生能沟通天地的巫性。

（二）“术”的内涵与发展：从巫术到技术

“术”（術）依《说文解字》言：“术，邑中道也。从行，术声。”[5]从其字源来看，术的篆文“術”由“行”（行，人之步趋也[6]）义符和“朮”（秫，稷之黏者[7]）声符组成，原指用竹木编织两旁栅栏所围合成的通道，故而本义中含“道路、路径”之意。

随着认知深入，“术”作为名词由具象“道路”“路径”进一步引申为抽象的“方法”“手段”“策略”“谋略”。如《淮南子·人间

[1]（汉）许慎撰：《说文解字》，中华书局1963年版，第100页。
[2]（汉）许慎撰，（清）段玉裁注：《说文解字注》，上海古籍出版社1981年版，第201页。
[3]（清）永瑢，纪昀等编纂：《景印文渊阁四库全书》第803册，台湾商务印书馆2008年版，第95页。
[4] 张光直：《中国青铜时代》二集，生活·读书·新知三联书店1990年版，第46页。
[5]（汉）许慎撰：《说文解字》，中华书局1963年版，第44页。
[6]（汉）许慎撰：《说文解字》，中华书局1963年版，第44页。
[7]（汉）许慎撰：《说文解字》，中华书局1963年版，第44页。

训》曰："见本而知末，观指而睹归，执一而应万，握要而治详，谓之术。"[1] 这里的"术"就明显指具有智慧的谋略。理学的集大成者朱熹也说："术，谓法之巧者。"[2] 可见，"术"字是"行之属，皆从行"，是从"行"的意义衍生出来，并与"行"保持内在联系的操作技艺。其后在国家或社会治理层面维持社会秩序之"权术"，皆由最初的方向之自然属性赋予了人的思维能动属性，并带有明显的目的性指向，凡是能达到目的之方法、手段和策略都可称之为"术"。

"术"很早还具有技艺、方术之意，与"技"同义。《礼记正义·卷六十八·乡饮酒义·第四十五》载："古之学术道者，将以得身也。是故圣人务焉。"郑玄注曰："术，尤艺也。"[3] 又有《论衡·卷二十四·辨祟第七十二》曰："工伎射事者欲遂其术，见祸忌而不言，闻福匿而不达，积祸以惊不慎，列福以勉畏时。"[4] 在生产力不甚发达的古代社会，人们往往会借助各类巫术指导生产和生活，这时的巫术往往作为"实用"的方术或法术被使用，"常见的法术是诅咒（按：念咒语）、符箓（按：如贴于门楣之类）、厌胜甚至举行'法事'（按：道教、佛教仪式）等"[5]。这些都是巫的所谓"作法"，往往以一种或多种巫事仪式展开，而执行这些法术的内驱力则是普遍存在的"信文

[1]（汉）刘安：《淮南子》，许慎注，陈广忠校点，上海古籍出版社 2016 年版，第 448 页。

[2]（宋）朱熹撰，朱杰人、严佐之、刘永翔主编：《朱子全书（六）·四书章句集注·孟子集注》，上海古籍出版社、安徽教育出版社 2002 年版，第 254 页。

[3]（汉）郑玄注、（唐）孔颖达正义、吕友仁整理：《十三经注疏：礼记正义》，上海古籍出版社 2008 年版，第 2289 页。

[4]（汉）王充：《论衡校注》，张宗祥校注，郑绍昌标点，上海古籍出版社 2013 年版，第 485 页。

[5] 王振复：《中国巫文化人类学》，山西教育出版社 2020 年版，第 361 页。

化”——人们先相信怪力乱神、魑魅魍魉这类“灵”的存在，再确信巫师、术士或是从事道教法事的道士等能通过法术“沟通”天地、“控制”鬼神。

“术”与“技”作为名词性相近语素组成并列式合成词，在古汉语的语境中其含义并不是一成不变的，而是根据具体历史背景、社会文化等的变化而有所流变。在此之前，“术”就包含“技术”之意了，段玉裁注许慎《说文》中“术，邑中道也”云：“邑，国也。引申为技术。”[1] 而“技术”一词合用，较早见诸汉代文献，表示方术、法术等。如《汉书》载：“方技者……今其技术晻昧，故论其书，以序方技为四种。”[2] 这里的“技术”指通过医诊国君之疾病而推演国情政事的方技之术。在演化的过程中，技术总是包裹着浓厚的巫文化特性，“技术”意涵带有明显的超能力与神秘性，常指医术、占卜、推步（推算天象历法）、相术等技艺，即方技相关的职业。此外，“技术”还指技能、技巧等具有专业性的能力，如“工匠技术，咸精其能”[3]，其含义逐渐由“超自然”的方技、方术、法术，逐渐向技艺、技巧或技能进行偏移。

当代汉语对“技术”的阐释，则明显受到现代科技引入的影响，由古汉语本初含义的方技、技艺，转至现代自然科技视域下的方法、路径、工具乃至知识创新或技术体系等综合要素，以及哲学上对技术本质的探究和追问等，并且当代技术内容涵盖的范围更为广泛，从人利用技术对自然的控制、利用、改造，衍生出的人与人，人与社会生产、文化、经济等的关系。因此，宏观来看，“技术”的文化内涵突出表现为由狭义概念向广义观念，由神秘感性向

[1]（汉）许慎撰，（清）段玉裁注：《说文解字注》，上海古籍出版社 1981 年版，第 78 页。

[2]（汉）班固撰，（唐）颜师古注：《汉书》，中华书局 2013 年版，第 1780 页。

[3]（元）脱脱等撰：《宋史》，中华书局 2013 年版，第 14122 页。

客观理性的变化。技术本身则呈现出更为复杂的内涵和外延性，总体呈现出以创造和创新为内核的文化内涵。

对掌握巫术或技术的人而言，结合中国古代本土思想对其的态度，李约瑟（Joseph Needham）作出如下评述："科学的产生要求把学者和工匠之间的差距弥合起来……因为儒家完全站在士大夫一边，对工匠艺人和体力劳动者缺乏同情。道家则不然……道家的这种态度贯穿于之后的全部中国历史中。"[1]正是由于儒家的正统思想和理性主义在中国历史上长期处于主导地位，"道教中'巫'的这一方面就越来越被赶入地下，走向采取民间秘密会社的形式，这在以后若干世纪的中国人民生活中起了重大的作用"[2]。在他看来，"巫"被儒家认为是非正统的道术，更多地蕴含在道教中，并逐渐走入民间。与之类似的观点是，李泽厚先生在《由巫到礼释礼归仁》中说道："[illegible]（巫）字亦工匠所待规矩（数学、几何工具），商周时代，巫就是数学家……这也就是'巫术礼仪'通过'数'（筮、卜、易）而走向理性化的具体历史途径。"[3]于是，掌握技术之"工"便逐渐褪去"巫"的神衣，由巫之神性转而为工之人性，"术"的文化内涵也逐渐实现了由巫术向技术转向。自从西方掀起"软件工艺运动"（Software Craftsmanship Movement），数字工匠就此诞生。值得注意的是，"数字工匠，既有从传统的'工匠'中扬弃的内容，也有新时代的'数字'所注入的新特质"[4]。数字工匠所使用的造"物"材料转变成数字代

[1]［英］李约瑟：《中国科学技术史（第二卷　科学思想史）》，何兆武等译，科学出版社2018年版，第147页。

[2]［英］李约瑟：《中国科学技术史（第二卷　科学思想史）》，何兆武等译，科学出版社2018年版，第152—153页。

[3] 李泽厚：《由巫到礼　释礼归仁》，生活·读书·新知三联书店2015年版，第16页。

[4] 邹其昌：《工匠文化论》，人民出版社2022年版，第115页。

码，他们采用编程的方式，将这些代码转变成具有智能的技术产品。然而，在技术产品从生产到使用的过程中，其实仍保有“巫”的成分。

就技术的发展而言，人类从掌握技术到技术革新大致经历了三个历史阶段：第一阶段是创制和使用工具（Tool），即从一把石斧、一支弓箭开始；第二阶段则是机器（Machine）的发明和运用；第三阶段的标志是自动机（Automate）。我们目前大致处于一个自动机的初级阶段，其中就包含我们对所谓“通用人工智能”的一个想法，即最终目标并没有超出自动机的范围，它可以代替人干一些不想做、不愿意做、懒得做的事情，甚至可以成为人的陪伴者。所以从功能角度这个意义上讲，技术有一个潜能，就是占据了巫术的位置，尽管这些事情原本应该由巫术去做。

三、“巫”与“术”——ChatGPT 作为人工智能技术的巫文化特性

ChatGPT 作为一种新兴的人工智能技术产品和一个网络热词[1]，以及一类当下时兴的技术类人文话题，以通用人工智能的高科技姿态横空出世后，赢得业界青睐及全球热议。然而，面对这种“热”文化表象，当我们以理性的学术眼光去“冷”思考，进而去审视其文化内涵时，对此类研究问题的时间尺度可能就不仅是几个月、几年，而是几十年，甚至是以世纪为单位。因而如何在长时段的视野范围内，来看一个也许会昙花一现的技术产品，这是摆在每位研究学者面前的一个很重要的治学问题。

[1] 按网络热词以 3—4 个月出现直至热度衰退的一般性周期规律来看，正如 2022 年热议的元宇宙（Metaverse）一样，ChatGPT 的全球网络热度很有可能递弱于 2023 年的下半年。但对于专业研究学者而言，它除了是一种“应景”的研究对象之外，还可以从学术层面对其做出一定反思。

（一）巫术与技术的关联：一种“新占卜”

著名的科幻小说家阿瑟·克拉克（Arthur C. Claeke）曾说：“任何足够先进的技术都和魔术[1]难以区别。”这被称为克拉克第三定律[2]，即我们都无法有效地将高度发达的科技和巫术区分开来。这虽然出自一位科幻作家之手，更强调文辞性，但从学术角度思考，也具有一定启发价值。就拿当今我们每天都在使用的手机为例，它已然成为我们不能离开的人脑之延展产品，负责安排日程、阅读新闻、娱乐休闲，包括很多隐私都存储在手机里面，但它到底是怎么工作的，如何运行的，我们其实不是很清楚。正如我们通过ChatGPT这个产品来问一些问题，它给出的答案是否真正有效，我们也不是很清楚，除非我们是这个领域的专家。当然，这还只是在隐喻层面探讨巫术与技术的关联。

ChatGPT作为一种借助人工智能技术的“新占卜”（New Divination）方式，某种程度上类同于古代巫的实用属性。《说文解字》释“占”曰：“占，视兆问也。从卜，从口。”[3]占字实随卜字而起，《说文解字》释“卜”曰：“灼剥龟也，象灸龟之形。一曰象龟兆之从横也。”[4]用灼龟甲的方法进行“占”“卜”，其纵横交错的纹样就是征“兆”之象。又《尔雅·释言》疏云：“占者，视兆以知吉凶也。”[5]可见“占卜”有占验吉凶的功用。占卜作为古老巫术的一种，在不断演化过程中，形式逐渐呈现多元化倾向，甚至有些转化为诸如风水术和数术之类的方术，且仪式由最古老的观察火灼龟甲后的纹脉走向定吉凶，转变为通过借助方

[1] 原文的“Magic”翻译成“巫术”可能更为妥当。

[2] [英] 理查德·道金斯：《解析彩虹——科学、虚妄和玄妙的诱惑》，张冠增、孙章译，上海科学技术出版社2001年版，第147页。

[3]（汉）许慎撰：《说文解字》，中华书局1963年版，第70页。

[4]（汉）许慎撰：《说文解字》，中华书局1963年版，第69页。

[5]（清）阮元：《十三经注疏·尔雅注疏》，中华书局1980年版，第2582页。

术和法术之类的手段，去判断生产和生活的种种祸福吉凶。正如勃洛尼斯拉夫·马林诺夫斯基（Bronislaw Malinowski）所说，“巫术是一套动作，具有实用的价值，是达到目的的工具”[1]，旗帜鲜明地指出巫术的主要功能即“实用”——巫术直接针对人的实际利益，如“趋吉避凶”等，力图改变人自身现实的处境和未来的命运。原始初民的智力极其低下，生活的难题无时无处不在，为求“解决”到处都是的生活艰困尤其是死亡，施行巫术便成为一种常在的“倒错的实践”，巫术就这样被历史错误地抉择为一种原始生活的常式。古时的巫觋总是虚假地夸耀自己通过“作法”，能够呼风唤雨，使天地变色，起死回生，并宣称无所不知，能够预测、判断与决定人类命运和天下的大事小情，甚至连芝麻绿豆一般的小事，也得通过“巫”的方式，来企图加以“解决”。中国古代甲骨卜辞中就有关于商王通过占卜预测自己“会不会牙疼”的记载。但不论怎样，原巫文化作为一种包裹着方术的“伪技艺”，将追求“实用”作为第一要义。

对于ChatGPT而言，人们使用它的过程，可看作一种基于占卜动机的“强互动黑箱”。通过一些外部信息的输入，可以迅速获得ChatGPT的智能反馈，这种“人—机”强互动关系正表现出一种近似巫术的占卜动机。据此，再次审视ChatGPT，随着版本迭代至4.0、用户黏度增加，这种互动性得到增强，ChatGPT更新的速率会越来越快，意味着其大数据和大模型支持的智能性也越来越强，这便又会推动社会资本的注入，引发新一轮的人—机互动，这也说明当一个产品提供免费服务的时候，用户自然也就成为产品本身。每个用户在和ChatGPT对话的同时，其本质也是在帮助ChatGPT成为一个更具智慧的人工智能工具。当然，用户运用

[1]［英］马林诺夫斯基：《文化论》，费孝通译，华夏出版社2002年版，第57页。

ChatGPT 进行“占卜”的结果不可预测，更加激发了人对于未知信息的好奇，从而促使用户“变本加利”地提出更多刁钻的问题，以此获取心理层面对更为新鲜未知信息的需求。此外，尤其是在人类专家与 ChatGPT 做各种测试互动的情况下，ChatGPT 就很有可能把这些专家型用户的输入信息变成自身大数据知识库的来源。这种模式的设计显然是非常高明的，这种人机互动关系表面上看是用户收益，但实际上是 ChatGPT 自身通过专家用户的输入，在不断“训练”中实现自我快速成长。

(二)“机械降神”与“巫—术连续体”

ChatGPT 具有“机械降神”(Deus ex machina)[1] 式的隐喻。在哲学中有一个很经典的问题，即如果宇宙（包括整个世界以及人的身体）是由机械的物理规律所决定的，那么可以说本质上我们就是一个“机器”。在这种由机械组成的机器当中，即在由没有生命的无机物构成的宇宙中，如何出现精神、灵魂、思想这类元素？若按照笛卡尔的二元论，这显然是完全不一样的。目前的 ChatGPT 则正好形成了类似于“机械降神”般的冲击，即从人造物的一套程序中，突然“冒出”一个有灵魂、有思想的存在体，甚至有人在探讨它是否具有自由意志或是独立人格，并进而在人类的顶礼膜拜下，具有某种因技术崇拜引发的神格属性，这是一个非常奇妙的事情。

在技术突飞猛进的前提下，ChatGPT 成为现代性造成的“巫—术连续体”。就人类整体掌握的知识与个体掌握的知识相比较而言，

[1] Deus ex machina 为拉丁语词组，英译为：God from the machine，“机械降神”这一说法来自希腊古典戏剧，当剧情陷入胶着，困境难以解决时，突然出现拥有强大力量的神将难题解决。一般是利用起重机或起升机的机关，将扮演神的下等演员载送至舞台上。这种表演手法是人为的，制造出意料之外的剧情大逆转。另：出自劳拉·斯·蒙福德（Laura Stempel Mumford）著《肥皂剧何谓？》(节选)，指突然出现某个角色来扭转局面的解决方式。林少雄、吴小丽主编：《影视理论文献导读（电视分册）》，上海大学出版社 2005 年版，第 392 页。

今天当我们面对ChatGPT这样一个集人工智能、程序、算法等各类技术属性于一体的技术产品，个体用户的自我认知可能存在一定偏差。不可否认的是，我们的确生活在一个科学昌明、技术发达的时代，但是人类整体掌握知识的极大丰富，并不意味着我们个体掌握知识的丰富。我们每天都在频繁使用手机，但很少有人可以清晰地描述手机是如何工作的，我们对待手机的这种态度，正如我们对待巫术的态度。从文化史线性进程的角度来说，人类对整体知识的掌握的确到了很丰富的程度，但是与个体知识掌握程度之间的落差也越来越悬殊。因为对于每个个体掌握的知识的丰富程度而言，不论是受过大学教育的社会精英也好，还是某学科的中流砥柱也罢，都意味着仅掌握了所谓学科具体分科当中的一小截知识而已，大多数情况下对于这个世界如何运作并不全然清晰，因此世界对个体来说都是一样充满巫魅的。正如前文提到的科幻作家克拉克所称“任何足够先进的科技都与魔法（巫术）无异”，当从字面意义转向比喻与象征的层面，意味着我们在面对先进的甚至是超前的科技或技术时，都会不由得认为这是“黑魔法”，具有神奇和神秘的力量，正如我们常称超乎我们想象的科技产品为“黑科技”一样。

进一步看，高度精细化的社会技术分工造成我们的“认知壁垒”。这就促使在“术业有专攻”的前提下，个体掌握技术知识的丰富性与专精性成反比的情况发生。在此背景下，就存在完全不同的几类人群。第一类就是技术的终端使用者（end user）。举个例子，当用户在购买或使用软件的时候，是极少会打开最终用户许可协议（end user license）的，其设置是让用户将内容拖拽到最后，点击“已阅读”后才能完成后续流程的操作，因为内容很多，这就导致绝大部分用户不会对其详细阅读。实际上大部分用户都属于终端使用者，基于便捷使用的基本需求，产生典型的人—机交互中的心理——不求甚解，魅于巫。也就是说，用户作为终端使用者，面对操作对象，其使用操作的便捷性始终是第一位的，至于这类对象的工作原理则是非重要信息，对实际使用的用户而言近乎“巫”，充满神秘性和复杂性，因为这毕竟是前端工程技术人员的工作范畴。第二类则是技术的发明者——专家（expert）。ChatGPT 的研发者，他们是人工智能领域的技术开拓者。然而，促成这类技术发明的驱动力是什么呢？难道是纯粹出于对人类发展事业的热爱吗？当然这个是一部分原因，但毫无疑问，大部分是由实际的利益和商业资本在背后驱动。相较于前两类人群，往往容易被忽视的是第三类，即技术的运营者（operator），他们常常呈现出对技术尚未可知的态度。譬如《头号玩家》《失控玩家》这类电影，诉诸人类的美好本质——相信只要技术发明者的道德是良善的，技术就不会有道德伦理层面的问题，也就是说技术运营者忽视或故意忽视了对技术的态度。

此外，还存在着由数字工匠发明出的人工智能产品，如何最大程度便捷使用的问题。一个 ChatGPT 由最初的人工训练过渡到人工智能自主训练，需要耗费巨大的人力和财力，站在运营者视角，他们面对 ChatGPT 这样一个基于人工智能程序的技术产品，是他们在推动数字工匠不断进行技术创新。得益于通用人工智能（AGI）[1] 技术的不断发展，目前 ChatGPT 可以做到自主控制游戏当中的非玩家角色（NPC）[2] 了，并且可以通过图灵测

[1] AGI 是 Artificial General Intelligence 的缩写，中文翻译为“通用人工智能”，亦被称为强 AI，该术语指的是在任何你可以想象的人类的专业领域，具备相当于人类智慧程度的 AI，一个 AGI 可以执行任何人类可以完成的智力任务。《AGI 时代下的开源与开放》，载《大数据时代》2023 年第 7 期。

[2] NPC 是 Non-Player Character 的缩写，是游戏中一种角色类型，意思是非玩家角色，指的是电子游戏中不受真人玩家操纵的游戏角色，这个概念最早源于单机游戏，后来这个概念逐渐被应用到其他游戏领域中。赵鑫业、梁川、苑博等：《兵棋系统非玩家角色人机协同开发策略思考》，载《现代电子技术》2023 年第 16 期。

试[1]，已经做到无法识别是真人还是聊天机器人（Chat Robot）。运营商的最终目的我们现在无法得知，但这才是我们现在要警惕的问题，说不定会出现一个致命的教育问题——ChatGPT 考试专家。

（三）ChatGPT 的双重效应：知识社会学视角

就知识的权力和权利来说，技术的发展具有自身的逻辑，有的时候甚至是非线性的，但是倘若从知识社会学的视角来看，对从事社会科学研究或相关教育事业的人员来说，对知识的获得、学习、掌握、传播，这是再自然不过的权利。但是从人类文明在长时段的演进过程来看，不管中国还是西方，这种权利来得并不是那么天经地义，在大部分的时间里，那些所谓的知识或能力总是掌握在一小部分人手中。这当然有两种可能：第一，这些人具有与生俱来的高智商；第二，他们拥有知识的权力，其中大部分精英主义者掌握着知识和技能，认为其他大部分人不懂也不必拥有这些知识。这两个因素是相辅相成的。

由 ChatGPT 来回望人类文明的技术突破，技术知识大概包含了三个环节。首先是技术生产，即谁发现了这个东西，谁发明这个产品，其次是保存，最后是应用，跟一般的商品一样，没有什么本质区别。

历史上，在绝大多数民族的绝大多数时间内，技术知识的生产者与保存者是同一的，基本都是工匠、学者、知识分子、专家。但是今天，正如 ChatGPT 这样的技术产品产生之后，原来的“生产—保存—应用”的三角关系产生了一种重心偏移，其角色是以“保存—使用”互动为中心。当我们在使用 ChatGPT 的时候，就会

[1] 图灵测试（Turing Test），又称“图灵判断”，是阿兰·图灵于 1950 年提出的一个关于判断机器是否能够思考的著名试验，测试某机器是否能表现出与人等价或无法区分的智能。黄鸣奋：《西方数码艺术理论史》，学林出版社 2011 年版，第 66 页。

发现它本身并不产生知识，对既有事实不会作出任何判断（至少到目前为止还没有），而仅是对知识的保存或是搜集，经过重新编辑整理后供用户使用，更像是一种知识集合体，归根结底是充当着爬虫和汇编机的角色，所以可称之为“新占卜”，它并不代表更高的智慧。

然而，面对人类通过学习获得知识的高成本（主要是时间和智力），ChatGPT 促使被动获得知识的成本急剧降低，使得人们可以“不求甚解”地快速获取想要的信息知识。但是这需要建立在一定的人的自主学习能力基础之上，要不然连搜索的关键词都不甚清晰。ChatGPT 的快速迭代发展，使得个人职业的安危初见端倪，显然它可替代目前一些人的工作。另一个值得关注的是 ChatGPT 意味着“反分工”，从而会消灭一些职业门类。随着社会职业越来越专业化，社会分工越来越精细化，使得原来由一小部分人掌握的知识被分散到越来越多的不同群体中。而 ChatGPT 的横空出世，不仅使某些职业者失去饭碗，丧失生计，更具威胁的是还会消灭职业岗位。

ChatGPT 的出现和发展是否意味着收拢甚至垄断知识的控制、传播和阐释，从而树立消灭学习的新权威？如果回望中国古时的“巫”这类特殊职业群体，在漫长的社会化进程中，巫职慢慢分化成卜、祝、筮、史、医等各个职业群体。随着 ChatGPT 的出现，是否存在一种可能性，即会出现一个“收拢”的开历史“倒车”的反向现象。也就是说，本来存在很多职业，但一些目光短浅的人，或者对人力资源成本过于敏感的国家或机构认为，从此以后不再需要由专业知识群体来做这些事情，所以导致一个垄断知识的控制、传播和阐释的结果出现，也就可能会出现一个消灭学习的新权威。可以大胆想象一下，如果有一个由 ChatGPT 掌控的反乌托邦国家，它会提出怎样的口号？显然它绝对不会提出“万般皆下品，唯有读书高”这类言论，而是提倡不用读书，所有事情无论大小都可以询问 ChatGPT，只要对它顶礼膜拜就可以了，因为此时 ChatGPT 就是神一样的存在，只不过是人为塑造出来的一类技术神罢了。

四、由“术”返“巫”？——人工智能设计治理的思考与展望

（一）“知”与“智”的博弈

如果说由“巫”及“术”是一个正向的分化过程，也是人类文明能够走到现在的一条路径，那么在未来面对类似于 ChatGPT 这样一个技术产品出现，有没有可能存在一种潜在的风险，即分化倒回，呈现出一个反向过程——由“术”返“巫”？诚然，当今的人工智能技术感觉像是巫术，其发展超出了大多数人能接受的范围，似乎被人自己创造的人造物——人工智能所魅，“对某些人来说，人工智能包含了超越尘世的诱人承诺，甚至可能是不朽的”[1]。人工智能技术代表的“智”，与人类文明追求的“知”，也许存在一种价值层面的博弈状态。

正如媒介学者麦克卢汉（Mcluhan）的观点，“我们透过后视镜来观察目前，我们倒着走向未来”[2]。通过“后视镜”观照 ChatGPT 这样的生成式人工智能（Artificial Intelligence Generated Content，AIGC）的发展历程，就会发现这种人工智能与互联网的内容生产方式有着深厚的历史渊源。ChatGPT 俨然已从 Web1.0 时代的专业生成内容跨入用户生成内容的阶段。按照麦克卢汉的媒介

[1]［美］托克·汤普森、张举文：《后人类民俗：概述、探索与对未来研究的呼吁》，载《西北民族研究》2023 年第 1 期。

[2] Mcluhan M. The medium is the massage: an inventory of effects [M]. New York: Dial Press, 1967:73.

四律[1]，即“提升、过时、复活、逆转”，生成式人工智能正是由专业生成内容与用户生成内容“逆转”而来。一旦倒回之后，我们就会发现这是知识的特性，这与柏拉图的“洞穴隐喻”[2]相似，知识的特性表现为掌握知识越多的人兼容知识越少的人，反之则不行——无知的人不能提出一个更有效的“知”。但纵观历史，知识总是被长期垄断在一个机构、某个团体，正如欧洲中世纪时知识被垄断在教会手中，现在则面临着知识被“垄断”在一个连自己也不知道的由程序构建的人工智能产品手中，想要再返回去是很困难的，可能会进入一个更长的“中世纪”，直到它本身的逻辑土崩瓦解为止。

技术变革作为推动社会变革的重要力量，使得人类和人工智能在网络世界实现充分文化重合，“随着这些技术逐渐成为人类文化的一部分，人类和人工智能之间的界限将变得越来越模糊，无法再分开”[3]。虽然两者最终总是沉淀为文化的一部分，但其过程却呈现出“技术驱动文化”的发展趋势。随着 ChatGPT 这类人工智能技术产品的层出不穷，它们都被赋予了人工智能的“人格”特质，将人们日常生活的真实世界与虚拟的数字生活世界联系在一起，成为技术新文化的组成部分。在此过程中，我们的心理活动过程与数字领域的关联愈发紧密。我们相信是“我们”与 ChatGPT 对话交流，只不过这个“我们”现在还包括了人工智能本身。尤其是通过人工智能设计所生成的内容创作，正借助网络世界越来越大地冲击着政治、文化、社会秩序和日常生活。通常情况下，我们对人工智

[1] Eric. Laws of media [M]. Toronto: University of Toronto Press, 1988:12.

[2] 柏拉图《理想国》第 7 卷有一个著名的故事，学术界称之为“洞穴隐喻”，讲的就是现象与事实的关系。[古希腊] 柏拉图：《理想国》，张斌和、张竹明译，民主与建设出版社 2020 年版，第 272—311 页。

[3] [美] 托克·汤普森、张举文：《后人类民俗：概述、探索与对未来研究的呼吁》，载《西北民族研究》2023 年第 1 期。

能本身拥有的海量知识库的内容知之甚少，但它们在经过反复的人际互动的训练后，却能对我们有很多了解，似乎变得越来越智慧，也越来越符合我们的心意。正是在这些互动中，可以清楚地看到人工智能对人类话语发展的贡献。

然而，比较令人担忧的是，生成式人工智能产生的内容正在侵蚀未来依赖大模型训练的数据库。通过在人工智能的智库中输入越来越多不完美的信息和故意输入虚假信息，使得人工智能终端输出更多的废话或似是而非的信息，有时甚至是答非所问。也就是说，人工智能代表的技术是把双刃剑，虽然极大地改变了人与人之间的交互模式，但也不断侵蚀着人类的精神空间。真实世界的人与由人工智能生成的虚拟世界之“人”，两者呈现的镜像关系正由模糊走向清晰，这让人们不由得重新思考“人何以为人”这类哲学命题，也开始反思在元宇宙背景下，建立在大模型基础之上的新人工智能时代中，人类该如何进一步丰富和完善自身的精神家园。

正因如此，面对技术之“智”与人类之“知”，如果透过“后视镜”回望ChatGPT这类生成式人工智能技术的发展，“那就不仅需要用镜子照射历史，而且需要某种指示或判断方式，来确定过去的哪些东西与未来有关”[1]。此外，还需要关注依赖于人工智能技术的内容生产方式，以及在这种技术不断更新迭代下的社会现实处境和未来发展趋势，因为透过“后视镜”回望的深层目的已不是“已经过去的”历史，而是“正在来到的”飞速靠近我们的未来，以及将过去和未来融为一体，以此来审视人工智能技术的发展过程，并探寻这种新技术进步逐步与社会融合。也许“倒着前行”不仅能让我们更清醒地面对人工智能技术的发展走向，也会时刻警醒

[1] 莱文森:《莱文森精粹》，何道宽译，中国人民大学出版社2007年版，第4页。

这种技术创新可能产生的陷阱，厘清机遇和挑战，关注其发展方向和未来价值，并对其设计治理进行更深入的思考。

（二）从赋魅到祛魅：人工智能设计治理的控制论

无论是“人工智能”这个名字，还是与其对话时使用的“我”这个代词，人们非常倾向于将人工智能对象拟人化，这可看作人类为人工智能“赋魅”的潜在心理，即希望人工智能不断发展具有接近于人的自主意识。正如使用者面对 ChatGPT 输入便捷却能依靠强大的大模型数据库快速输出内容，“如何能知道它背后确实不是一个在想尽办法让我们以为他是人工智能的真人呢？它输出的信息，其意义确实源于它，还是只是‘我’作为人对它的心理投射？”[1] 于是，在这种想象力和愿望的驱动下，设计师们不断进行人工智能的技术革新和迭代训练。但与此同时，人工智能技术引发了各类问题，也对位于人工智能技术前端的设计提出了更多要求。将人工智能拟人化或人格化的影响之一便是使用者认为人工智能具有一定的类人自主性，一旦不能实现这一心理需求，参与创作的人工智能设计师的信誉便会下降。但是创造者的劳动是人工智能内容产出的基础，并且当这些内容开始产生危害时，就会转移开发者和决策者的责任。因此，有必要将生成式人工智能看作一种支持人类创造的工具，而不是当作一个怀有自己意图或创作者身份的自主性存在。

暂且不论人工智能在未来是否最终具有自我意识和人性，我们目前就面临着这样一个事实：就当下所处的弱人工智能时代来看，即使人工智能不具备人的自主意识，同样可以引发严重的法律、伦理、安全和社会问题。一方面，在人工智能技术不断的升级迭代过

[1] 邓建国：《“延伸的心灵”和“对话的撒播”：论作为书写的ChatGPT》，载《新闻大学》2023 年第 4 期。

程中，其产出内容只要把人类正常含义的指令以一种机械而极端的方式执行，就足以带来一场灾难；另一方面，人工智能的发展不是一个纯技术的过程，而是一个人性充分介入的过程，人工智能的设计者、创造者、运营者、使用者自身的人性善恶偏向，这些与人相关的因素都会对人工智能使用的结果产生影响。因此，在人工智能设计师们“造神赋魅”的时候，同时也需要“祛魅”，实施行之有效的人工智能设计治理。

在此前提下，可以进行有意义的人类控制（Meaningful Human Control，MHC），以“人”的视角介入，实现人工智能设计治理中的人因环节。有意义的人类控制需要充分依赖“人—机”协作系统，以此引导和传达人工智能设计师的意图，系统的产出要能够在一定程度上被预测，并且与其目标、个人特征和表达特征相一致，因此人工智能设计师对于该生成式系统的产出结果是负有相当大的责任的。因此，就人工智能设计前端而言，为了实现有意义的人类控制，如何使人工智能的生成式系统和交互界面允许使用者进行一系列输入操作，并且精细控制输出结果，就成为未来设计治理研究工作的主要方向之一。

人工智能引发的问题或者说对人类社会产生的威胁大致可分为两类：一是人工智能本身和人工智能设计对人类社会产生威胁；二是人类在使用和利用人工智能的过程中对人类社会构成威胁。相应的，从设计治理角度来说，人工智能设计治理也可分两个部分：一部分是对人工智能本身和人工智能设计的设计治理，另一部分则是对人类使用和利用人工智能的设计治理。

其一，对人工智能本身和人工智能设计的设计治理。至少在目前所处的弱人工智能时代，人们还不必过于忧虑人工智能产生“害人之心”。人们更应该担心的是人工智能在机械地执行自己的任务过程中，无意中伤害到人类或者造成其他问题，这就涉及人工智能合理设计的问题。在人工智能的设计研发或迭代之前，就应针对此类问题作专门研究，主要关注的内容包括人工智能在执行任务过程中可能会有哪些情况、哪些方式无意中伤害到人类？采取哪些措施可以预防其发生？如果发生了可以采取哪些应急措施？预防措施和应急措施的完整方案等。其细节问题包括在超过预期的应用环境下使人工智能自动停止执行任务的内置程序、对应用环境的侦测判断程序、对于人工智能应用的风险指数分级管理等。此外，在未来发展到强人工智能阶段时，还面临着人工智能自主设计的问题，即人工智能可以进行自主设计、升级和迭代发展。对于以上这些问题，就涉及制定法律法规与监管机制、增强算法透明度与可解释性、加强人工智能伦理教育与意识等。除了人工智能本身的问题外，虽然还涉及对人工智能设计的设计治理问题，但这种研究都不能仅停留于技术或设计层面，还需要社会学、心理学、法学等多学科的共同参与，加强跨学科合作与国际合作。

其二，对人类使用和利用人工智能的设计治理。这就关涉人类正常使用人工智能引起的问题，比如随着人工智能的普及，产生了行业可替代性，导致人工智能对诸多行业产生一定威胁，从而引发大规模失业问题。此外，还包括人类非正常利用人工智能引起的问题，比如为黑客“提供”了入侵网络的新方式，以及形形色色的利用人工智能进行诈骗[1]、威胁等不法行为。对于此类问题，归根结底，还是需要对人进行治理，因为不论是设计者、运营者还是使用者，只要与人工智能产生关系，就不可避免地受到人性善与恶的左右，这就需要通过各种手段进行有效约束和治理，包括人工智能设计的整个流程，以及对其使用和产生的结果等。当然，因为人工智

[1] 例如，最近各大媒体关注的，一时沸沸扬扬的“缅北电信诈骗”，其中就有不法分子利用人工智能技术实施诈骗等非法活动。

能技术的飞速发展，对其进行的设计也将呈现新特点，设计治理对象在变化，设计治理本身也要适时作出相应调整，这显然是一个动态的过程。

五、小结

在巫文化视野下，巫术作为人类文明的一部分，曾在漫长的历史长河中对人类历史进程和文化产生过重要影响。巫术起初是指帮助解决个人问题的一种神秘实践，随着人类逐渐使用技术，技术发展成为改变自然，以及对社会现象进行理解和处理的方法和实践。

ChatGPT作为当下人工智能技术的典型产品，依然具有巫文化特性。其巫术与技术的关联性表现：人们对ChatGPT的使用俨然成为一种“新占卜”的巫术行为，并且具有“机械降神”式的隐喻，使得它成为具有象征意义的“巫—术连续体”。从知识社会学视角来看，ChatGPT具有知识普及和知识垄断双重效应。

人工智能的“智”与人类的“知”，不仅在当下，而且在未来长时间内都会处于一种博弈状态，这也是技术文化形成的必然。在此过程中，从一开始人们对人工智能采取拥抱态度的“赋魅”，直至理性思考后的“祛魅”，这就涉及人工智能设计治理的控制论，即可从对人工智能本身和人工智能设计的设计治理，以及对人类使用和利用人工智能的设计治理这两个方面着手。

分　论

建构篇

第六章　人工智能艺术设计治理

一、什么是艺术设计

人工智能艺术设计治理体系建构的第一步，是对艺术设计这一核心范畴的建构。科学、技术、工程、设计、艺术等范畴的关系总是“剪不断，理还乱”。我们存在的世界可以分成三部分：其一，不以人的意志为转移的；其二，体现了人的意志的；其三，人的意志本身。故我们的世界可以分为三个世界：自然世界、人工世界与心灵世界。故人类的实践（基于理论的行动）也能分为三个基本类型[1]：其一，探索世界真理（现象背后规律）的哲学与科学；其二，建构人工世界的设计——从建构人工世界的角度来看，技术、工程、社会、文化、符号都属于一种人类的设计品；其三，创造心灵世界中审美体验的艺术。如果人类作为一个整体，某一天穷尽了世界的真理（全知），成了建设巨构工程，能够形塑宇宙的“造物之神”（全能），最后人类这个从智人走向神人的物种，回归自己的心灵世界，他们最终追求的应该是全美——人内心中一种完整的、没有止境的审美体验。

[1] 基本类型并没有穷尽所有的类型，它们可以组合成更为复杂的复合类型，例如巫术、宗教、礼乐。

艺术的本质是人与环境（世界）的交互过程中，人在内心中产生的审美体验。审美体验是完整的体验[1]，并非人与环境的一切互动都能带来审美性的体验，但人、环境以及两者间的关系是构成艺术的三大要素。环境中的人工物，经过了艺术设计，就能在人的内心激发审美体验，故艺术品就是一种设计品。

艺术的范畴包括狭义和广义两个层面，狭义上的艺术通常是指"纯艺术"。

其一，纯艺术是超越性的艺术。艺术超越了生活、超越了生产，艺术与此两者划清边界，从而获得"纯粹性"与"无用性"，只有殿堂里的艺术才是艺术。

其二，纯艺术是自我化的艺术。"没有艺术这回事，只有艺术家而已。"[2]艺术源自人的自娱自乐，艺术是艺术家的自我表达，艺术家是人类的自由精神的体现。

其三，纯艺术是建制化的艺术。艺术是由艺术的学院、行会和市场来定义的，艺术的本质是艺术产业的生产关系、艺术共同体的社会关系的总和。

本章探讨的艺术设计治理中的"艺术"是广义上的艺术，它包含艺术体验与艺术设计——心灵世界中的审美体验（"心动"）与人工世界中激发审美体验的人工物（"幡动"）。

哲学、科学、设计、艺术都诞生于手艺工匠时代。哲学与纯艺术在农业革命之后，私有财产和有闲阶级出现后才产生，科学则要到西方伽利略与培根那一代奠定了实验与数理方法之后才产生。但三个世界——自然世界、人工世界与心灵世界的问题，是人类开始萌生自我意识的最初就开始面临的问题。设计与艺术（设计）的历

[1][美]约翰·杜威：《艺术即经验》，高建平译，商务印书馆2010年版，第61页。
[2][英]E.H. 贡布里希：《艺术的故事》，范景中译，广西美术出版社2010年版，第15页。

史和智人的历史一样久远——从智人打造出第一块磨制石器时就出现了设计，从智人第一次用鲜花装饰墓葬，用石制偶像陪葬时就出现了艺术（设计）。

《礼记·礼运》：“月以为量，故功有艺也。”[1]《周礼·天官·宫正》：“会其什伍，而教之道艺。”郑玄注：“艺谓礼、乐、射、御、书、数。”[2]最早的艺是指技能、才能。作为专业的设计是从工——设计与造物中分化出来的。设计师的前身（或本身）是工匠，《说文解字》：“工，巧饰也。”巧饰揭示了设计造物活动的两大基本性质——“巧”（技术原则或技术设计原则）和“饰”（艺术原则或艺术设计原则、审美原则）[3]。从三个世界的角度来看，工巧把第一自然转化为第二自然，既要遵循、利用自然现象背后的规律，还要选择符合人类价值的技术路线，打通的是自然世界与人工世界。工饰则是在规律和效率的要求之外，满足人的情感需求，它打通的是人工世界与心灵世界。

工匠在建构人工世界的过程中，打通了三个世界，故一方面“百工之事，皆圣人之作也”；另一方面，《说文解字》：“巫，祝也。女能事无形，以舞降神者也。象人两袖舞形。与工同意。”[4]在手艺工匠时代，巫是解决心灵世界问题的专家，也是沟通此岸（现实世界）与彼岸（想象世界）的“艺术家”，故巫靠乐和舞（艺术）来降神（沟通），在蒙昧未开的时代，三个世界的界限并不甚分明，神话与巫术不仅处理精神世界的问题（例如缓解死亡的恐

[1]（明）朱熹、王文锦译注：《大学中庸译注》，中华书局2013年版，第75页。

[2]（汉）郑玄注、（唐）贾公彦疏：《周礼注疏》，彭林整理，上海古籍出版社1997年版，第657页。

[3]邹其昌：《论中华工匠文化体系——中华工匠文化体系研究系列之一》，载《艺术探索》2016年第5期。

[4]（汉）许慎撰、（清）段玉裁注：《说文解字注》，上海古籍出版社1981年版，第201页。

惧），也处理自然世界的问题（例如解释世界的起源）。汉砖画像上女娲伏羲手执规矩，可见早期匠人是巫觋，位于神圣权力的中心。正如巫与工同义，巫术与技术存在着转换关系，巫解决的是技术不足时工的问题，例如，当气象观测技术低的时候，求雨是一门巫术，当气象观测技术不断发展后，求雨术就变成了技术。巫的技术性与艺术性，在世俗化之后，便成了工的巧与饰。

二、什么是元艺术设计——艺术设计的工具

恩斯特·贡布里希（Ernst Gombrich）对于艺术的起源问题是这样论述的：

> 因为部落人有时好像生活在一种梦幻的世界里，他们在那个世界能够既是人，同时又是动物。许多部落有特殊的仪式，在仪式上要戴上制成动物模样的面具。而一旦戴上面具，他们似乎就觉得自己已经转化，变成了乌鸦或熊了。这倒很像孩子们扮演海盗和侦探，一直玩得入了迷，不知道游戏和现实的界限了。但是对于孩子们来说，周围总是成年人的世界，成年人会告诉他们“别这么吵闹”，或者“快到睡觉的时候了”。对于原始部落来说，不存在这样一个另外的世界来破坏他们的幻觉，因为部落的全体成员都参加舞蹈和仪式，扮演着他们异想天开的把戏。他们都从前辈身上知道那些活动有什么重大意义，深深地沉溺在里面，以致没有什么机会跳到圈外，用批判的眼光看一看自己的行动……这一切也许看起来跟艺术没有什么关系，事实上它们对于艺术却有多方面的影响。[1]

[1]［英］E.H. 贡布里希：《艺术的故事》，范景中译，广西美术出版社 2010 年版，第 43 页。

从三个世界的角度来看，想象并不只是影响了艺术，而是在艺术中占据着核心地位。从艺术的体验性来看，艺术设计离不开人的想象——作家的想象与观众的想象。艺术设计是关于想象、利用想象的设计——通过文字、图像、声音的设计等方式来调动人的想象。元艺术设计问题是艺术设计的一个核心问题，即艺术设计的工具问题。艺术设计的工具可以分为：其一，艺术设计的内容工具——作家表达想象的工具；其二，艺术设计的媒介（界面）工具——调动观众想象的工具。

历史上，设计工具的发展对艺术设计产生了革命性的影响。手艺工匠时代，对于艺术设计工具有决定性影响的技术主要有：

其一，化学工艺。主要推动了内容工具。化工技术的发展，让陶瓷、染织、彩绘和化妆品等产业能使用越来越丰富的颜色，并且增加了艺术（设计）品的寿命。

其二，机械印刷。带来的不仅是知识革命，也是艺术设计的传播革命。

机械工匠时代，具有决定性影响的技术主要有：

其一，摄影动画。摄影技术带来照片、电影、动画等新型艺术设计形态，降低了艺术设计的门槛，让动态影像成了一种与资本紧密结合，面向大众的艺术设计，它是内容与媒介工具两方面的革命。

其二，模拟技术。以模拟信号和电路为基础的技术体系。留声机、磁带是模拟技术的结晶，模拟信号能够较为完整地记录与还原声音，录音技术与摄影技术结合产生了崭新的多媒体艺术。

数字工匠时代，具有决定性影响的技术主要有：

其一，数字技术。以数字信号和电路为基础的技术体系。数字技术能够比模拟技术更好地解决通信过程中的熵增问题，通用计算机、互联网是数字技术的结晶。数字图形、声音、文本都是计算机运算结果在交互界面上的呈现，数字技术全面提升了艺术设计的数据品质，让数据、算法、模型、软件成为艺术设计的一部分，带来崭新的艺术设计形态——数字游戏（交互艺术设计）。通用计算机成为艺术设计有史以来最重要的工具之一，它也是内容与媒介工具两方面的革命，吹响了人工智能艺术设计的号角。

其二，智能技术。农业革命导致的人口增长，带来人类史上第一轮劳动效率和设计水平的革命性提升。工业革命后，人类由手艺工匠时代进入机械工匠时代，机械设计是机械工匠时代的母设计，它让人类进入人机协同的时代——由化石能源、核能驱动的机器放大了人类的力量与速度，带来第二轮劳动效率和设计水平的革命性提升。智能技术建立在数字技术之上，是存储力、运算力、数据量的量变带来的数字技术的质变，开启了人机协同的新时代——能够不断学习、不断成长的机器开始放大人类的知识与智慧，可能会带来第三轮劳动效率和设计水平的革命性提升，这颗技术体系皇冠上的明珠就是人工智能。人工智能对人类设计的影响是整体性的，它对艺术设计的影响也是革命性的。

根据尼尔·波兹曼（Neil Postman）的媒介环境理论[1]，艺术设计在机械工匠时代之后走向技术统治时代，即媒介技术和工具在艺术设计中占据主导地位，其典型例子就是依赖大制作与高特效的电影。在数字工匠时代，艺术设计甚至可能会走向技术垄断时代，即艺术设计向技术彻底认输，其典型例子就是AIGC开始让画师（人

[1] 王颖吉：《美丽新世界中的文化危机——尼尔·波兹曼的媒介环境学》，载《文艺研究》2010年第6期。

类设计师）无用论甚嚣尘上。

三、什么是艺术设计治理

尼尔·波兹曼在《娱乐至死》中以两部小说为例谈到了设计治理的问题：

> 奥威尔担心的是，书籍被禁止。赫胥黎则担心，书籍不用被禁止，因为人们自发地不再阅读。奥威尔担心的是，人们被剥夺得到讯息的权利。赫胥黎则担心，我们得到的讯息太多，以至我们只会被动接受而无法自己寻找。奥威尔担心的是真相被掩埋，赫胥黎则担心，真相被无关资讯淹没。奥威尔担心的是文化被禁锢，沦为一片荒漠。赫胥黎则担忧，文化因琐碎而杂草丛生，人们为微不足道的事情痴迷。《1984》里，恐惧支配了人民。《美丽新世界》里，娱乐支配了人民。在奥威尔看来，人类会毁于自身憎恨的事物。而在赫胥黎看来，人们则会毁于自身所爱戴的事物。[1]

《1984》和《美丽新世界》设计了两个深刻的思想实验。它们异曲同工地指出了设计在新的技术条件下可能会带来意料之外的社会影响，技术与设计的进步不一定会带来自由，也有可能成为控制社会的“监狱”。恩格斯在《劳动在从猿到人转变过程中的作用》中也谈到了设计意料之外的社会后果及其治理的问题。

和生产一样，人类的设计活动也是社会化的：其一，随着人工世界的复杂化，设计活动的社会分工在不断趋向复杂化。其二，人

[1]［美］尼尔·波兹曼：《娱乐至死：童年的消逝》，章艳、吴燕莛译，广西师范大学出版社 2009 年版，第 4 页。

类设计出来的人工物会对社会产生不同程度的影响，一座高楼大厦会占用土地，影响环境，牵涉多方利益。很显然，它对社会的影响要大于一双筷子。与蒸汽机相比，高楼大厦的影响力则小多了。处理人工物社会化问题的设计就是设计治理，从广义上来看，所有的设计都涉及治理问题，理想的设计都是一种“善治”的设计。但为了方便讨论，我们可以根据人工物社会化的程度，把设计与设计治理视作两种设计模式——设计解决的是人工世界建构中短期性、局部性问题，设计治理解决的则是长远性、整体性问题。

颠覆式的技术革新会放大人工物的社会化程度，艺术设计在人工智能这样影响深远的新技术条件下也会涉及大量的治理问题。艺术设计治理主要包括两个层面的治理：其一，通过艺术设计进行治理，这是一个古老的设计问题，先秦时期确立的礼乐制度便是这种设计治理模式的典范。其二，对艺术设计本身的治理。在人工智能作为工匠革命性工具的数字工匠时代，艺术设计正在不断地走向艺术设计治理。

四、人工智能艺术设计治理

人工智能艺术设计治理主要包括当下和未来两个核心设计治理问题。

（一）“艺术设计洗稿者”——人工智能与艺术设计数据剥削的设计治理问题

“艺术洗稿者”问题是当下艺术设计面临的主要的设计治理问题。人工智能艺术设计可分为两种模式：

其一，人工智能自动生成设计。人工智能针对特定的艺术设计数据集进行学习，然后生成类似风格或模式的艺术设计，例如人工智能生成莫扎特风格的乐曲。这是人工智能艺术设计 1.0 版本。

其二，人工智能识别自然语言生成设计。人工智能对复合型的艺术设计数据集进行学习，建立艺术设计的大模型，接入自然语言的大模型。人工智能可以分析自然语言中的人类需求，生成对应的艺术设计。这是人工智能艺术设计 2.0 版本。

当前人工智能在艺术设计的应用主要在两个领域：

其一，艺术设计的概念设计。人工智能可以根据设计师提出的需求，在短时间内生成海量且不同风格的艺术设计初级数字方案，设计师可以从这些初级方案中汲取灵感，或者加工成正式方案。

其二，艺术设计的素材设计。人工智能可以根据设计师提出的需求，在短时间内生成大量的各种类型的艺术设计数字素材（例如模型贴图），人工智能包揽了艺术设计中的重复性工作，让设计师从低端设计中解放出来。

由此可见，人工智能虽然在艺术设计领域的生产力急剧提升，但在短期内还无法取代人类设计师——它依然无法直接生成正式方案，它产生的方案只是无限接近数据集中最优秀的作品，它只是在惟妙惟肖地模仿人类设计师的作品，尚不能无监督、无调试地创造出一种全新的艺术设计风格或模式。然而，现阶段人工智能艺术设计的模仿本质会带来数据剥削的设计治理问题。

人工智能艺术设计和其他类型人工智能设计的重要区别在于数据类型，数据的设计治理是当前人工智能艺术设计治理的关键。人工智能的能力高低取决于它学习程度的高低，人工智能学习主要受三方面的影响：其一，外部有没有好的“教材”或学习素材（数据集）；其二，外部有没有好的“老师”（人工标记、监督和反馈）；其三，自身有没有好的学习能力（学习算法）。以围棋人工智能 AlphaGo 为例，AlphaGo 的最新版本是 Zero 版本。“Zero（零）”是指这一人工智能是没有学习人类棋谱，完全通过自我对弈，自己生成学习素材（棋谱数据），自己兼任了老师和监督者，完成了学习过程。再以生物设计人工智能 AlphaFold 为例，AlphaFold 预测了约 36.5 万个蛋白质的结构、功能、特性，建立了最大的人类蛋白质数据集，可用于研究疾病和药品设计。再以 ChatGPT 为例，ChatGPT3.5 版本的数据集是来自互联网上各种类型的文本（数字论文、博客、新闻、网页、论坛、聊天记录等）构成的巨大文本数据库，ChatGPT3.5 的训练分两阶段：其一，AI 自监督学习的预训练阶段；其二，人类工程师参与提问与调试（有监督学习）的正式训练阶段，ChatGPT3.5 服务运营阶段中用户的反馈也会成为人类工程师进一步调试的参考。

艺术设计人工智能的训练在“教材”和“老师”方面与其他类型的人工智能都非常不同。数据是人工智能艺术设计的材料，在数据集方面，艺术设计人工智能无法像围棋人工智能那样自我生成数据集，原因在于：第一，艺术设计不像围棋博弈那样具有明确边界、规则和评价标准，围棋靠计算子数就能确定输赢，AlphaFold 预测出来的蛋白质可以根据实验来验证其功能和特性。艺术设计涉及人的心灵世界，评价标准较为主观化——它没有输赢，也没有实质上的优劣之分。数学题、工程设计问题存在最优解，但艺术设计问题不存在最优解，人们对艺术设计的评价取决于他们在与艺术设计的互动过程中内心产生的体验。AlphaGo Zero 和 AlphaFold 是根据明确的规则来学习和生成数据集，但人工智能不可能从零到一“无监督”学习艺术设计，它只能从人类的作品学起。就算将人工智能生成的作品继续投入训练，也需要经过人工的筛选。第二，人类在网络上的写作、聊天、评论都能成为 ChatGPT 学习的对象，但是并不是人类说的每一句话、哼的每一支小曲、画的每一张涂鸦，都能成为机器学习艺术设计的对象，艺术设计的数据集，特别是优质的数据集，远比其他领域的数据集要小。在监督者方面，艺术设计人工智能不可能实现完全的无监督学习，这是因为作为艺术本质的审美体验是不能脱离人类的心灵世界而存在的，人的审美之心不仅是历史与文化的建构（例如蒸汽朋克、中洲魔幻），也是人类与自然的交互过程中进化而来的本性（例如对性、甜味、油腻的嗜好），机器可能可以从概率上推测“美”，但只要它无法真正理解人的审美体验，就不可能实现不依靠人来调试的无监督学习。

人工智能艺术设计高度依赖人类艺术设计作品的数据集，其艺术设计水平与数据集的质量强相关，且不能在无监督、无调试的条件下实现艺术设计创新。那么如果人工智能可以随意学习人类艺术设计的话，在现阶段可能存在数据剥削的问题。人类的艺术设计能力的培育过程相当漫长，机器能在短时间内根据特定风格的艺术设计数据集建立类似风格作品的生成模型，变成这位人类设计师的“智能孪生”，智能孪生的生产力要远高于人类设计师，那么这个建立在机器学习基础上的智能孪生的归属权在哪？它属于人工智能的设计师，还是属于数据集来源的艺术设计师？如果人工智能将多种艺术设计风格或模式融合在一起，那么这种艺术设计的复合型智能孪生的归属权在哪？使用这些艺术设计的智能孪生生成艺术设计方案，该不该向数据集来源的设计师支付版权？在建立在版权制度之上的艺术设计产业中，人工智能艺术设计很难避免对数据集来源的设计师的数据剥削。

当前制约人工智能艺术设计发展的重要因素就是数据集，机器学习艺术设计作品的数据集，必然涉及利益分配问题，存在保守派设计师（对人工智能持审慎态度）与自由派设计师（对人工智能持拥抱态度）的对立。当前的人工智能艺术设计戴着数据集版权的镣铐。人类设计师较少把自己版权期内的作品用作机器学习的数据集，因为在当前制度下，自己的权益无法保障，人工智能无法自由地学习人类的艺术设计作品，数据量太少或质量不高，从而限制人工智能的上限。对于人工智能艺术设计的数据剥削问题，可能要修改艺术设计产业的顶层设计，实现艺术设计的公有制或共产制，让艺术设计从工作彻底变成创造（劳动），才能从根本上解决这个问题。

（二）“艺术设计废托邦”——人工智能与艺术设计媒介环境的设计治理问题

“艺术废托邦”问题是未来可能会出现的主要艺术设计治理问题。阿尔多斯·赫胥黎（Aldous Huxley）的《美丽新世界》设想了一个未来的似幸福又不似幸福的反乌托邦。在这个乌托邦中，人们主要通过两条设计路线来解决心灵世界的问题——内部的忘忧丸和外部的“多感觉艺术”影院。一方面，因为现代科学发现了人类精神活动的物质基础，那么满足人类心灵世界需求的最简单高效的方案就是“缸中之脑”——靠化学药物或电极控制大脑的活动，就能消除忧愁，创造幸福的感觉。另一方面，随着媒介技术，尤其是数字媒介技术的发展，人类能够在咫尺之中创造出无限的伪环境（虚拟环境）。从艺术设计缔造审美经验的本质来看，“元宇宙”（人工化的心灵世界或建构出来的心灵世界）应该是艺术设计的终极形式，它既可以通过直接调控人体内部的神经冲动来实现（廉价方案），还可以通过人类外部可沉浸式交互的超真实的虚拟环境来实现（昂贵方案）。阿尔多斯·赫胥黎设想的“多感觉艺术”影院是元宇宙的雏形，但并非元宇宙的完全形态——元宇宙中需要产生数字生命才能真正解决人类心灵世界的问题。数字生命的实现主要有两条路径：

其一，人类意识上传。通过转换人类意识（计算）的物质基础，实现人类心灵世界的数字化，人类成为数字生命。

其二，有感情的人工智能。机器获得意识，成为一个能够实现人—机、机—机互相感知、交互的主体，机器开始拥有自己的心灵世界。机器的认知与情感模式不一定与人类相同，如果让机器产生与人类近似的认知与情感模式，则需要实现现实环境的数字化。

阿尔多斯·赫胥黎的《美丽新世界》提出了一个数字工匠时代重大的艺术设计治理问题——技术垄断下的艺术设计如何创造一个享乐主义的全息媒介环境，控制人类心灵世界的自由，给人戴上“幸福”的镣铐，让统治无法反抗也不用反抗，使人彻底被高技术（高度人工化）的媒介或环境所驯化。[1] 人工智能可能会让艺术设计的媒介环境具有前所未有的社会控制力，日本20世纪80年代兴起的御宅族群体是人工智能艺术设计媒介环境的设计治理问题的典型案例：

御宅族（オタク）是现代社会出现的“沉迷到某种事物之中，而不想与社会上其他的人交际”的亚文化群体[2]，这个群体发源于20世纪80年代的日本，时至今日发展为一种在世界范围较为普遍的社会现象。有的将御宅族翻译成狂热者、发烧友，但这并没有抓住御宅族的特质，在御宅族的称谓流行之前，有宗教狂热者、运动爱好者、书虫、热爱钻研自己手艺的工匠，为什么我们不将他们称作御宅族呢？为什么他们不具有社交封闭性呢？这是因为御宅族沉迷的对象比较特殊，他们是艺术设计创造出来的媒介环境的沉迷者，是数字图像驯化出来的视觉动物。[3]

《御宅族学入门》(《オタク学入門》) 的作者冈田斗司夫认为御宅族是图像信息爆炸千禧时代诞生的新人类（New Type）[4]，值得一提的是角川书店1985年创刊的动画杂志也叫“New Type”。有的说法表示御宅族患有“媒介依存症”，但20世纪末兴起的数字媒介及建立在其基础上的艺术设计（漫画、动画、数字游戏等），并不

[1]［英］A. Huxley: Brave new world (11th ed.), Vintage 2010年版。

[2]［日］中森明夫：《『おたく』の研究（1）街には『おたく』がいっぱい》，载《漫画ブリッコ》1983年6月号。

[3]［美］尼尔·波兹曼：《技术垄断：文化向技术投降》，何道宽译，北京大学出版社2007年版。

[4]［日］冈田斗司夫：《オタク学入門》，太田出版1996年版，第8—27页。

单纯是御宅族的依存对象，也成为一种驯化御宅族的社会化结构。就冈田斗司夫而言，御宅族转变为新人种，就东浩纪而言，御宅族变成消费拟像的动物[1]。

二次元的本义是二维的平面，用来泛指以平面性的印刷品和电子屏幕为主要媒介，以特定文化群体（御宅族）为目标用户，以虚拟角色为核心内容，以视觉为主要交互形式的艺术设计类型，它的主要形态包括漫画、动画（电影），包含角色视觉形象设计（例如插图、封面的设计）的轻小说、数字游戏等。但是只有平面性与虚拟性，依然不足以满足二次元的特性——它们并不是二次元特有的属性。就像漫画和动画这两种艺术设计形式虽然在日本发扬光大，但并不源自那里，日本动画甚至师从中国动画。在御宅族与二次元流行之前，《三毛流浪记》《哆啦A梦》这些经典漫画作品进入市面的时候，为什么没有人称呼它们为“二次元”？迪士尼、丰子恺、手冢治虫这些动漫产业元老所作的作品，为什么没能催生出御宅族这样的“视觉驯化的动物”？

二次元其实有两层含义：

其一，位于御宅族的外部，作为艺术设计产物的媒介环境的二次元。

其二，位于御宅族的内部，作为御宅族的一种集体性的文化心理的二次元，即二次元情结。

二次元情结是一种对“画中人”的偏爱与痴迷。值得强调的是，二次元情结并非一般性的喜爱，而是一种对媒介中的虚拟角色近乎偏执的爱欲，就像在世界范围喜爱孙悟空的读者、观众数不胜数，但他们大多数都不具有二次元情结，因为他们不会认为自己有

[1] 参见［日］东浩纪：《动物化的后现代：御宅族如何影响日本社会》，褚炫初译，大鸿艺术股份有限公司2012年版。

了孙悟空的“陪伴”，就可以放弃现实中的社会交往。二次元情结接近古希腊神话中皮格马利翁式的物恋情结——人类设计师爱上自己所造的人工物，人与自己所造物间关系颠倒、主客不分。故二次元情结存在一个很简单的行为主义判据：你如果对虚拟角色产生了性欲，那你就已经产生二次元情结的苗头，如果你认为与虚拟角色的互动可以取代或部分取代真实世界中的两性或其他类型的交往，那么你已经具有了很显著的二次元情结。

御宅族就是在高技术的数字媒介环境的驯化下产生了不同程度二次元情结的亚文化群体。回到之前提到问题——明明都是开创了现代漫画、动画产业的最早的造梦人，但迪士尼、丰子恺、手冢治虫为什么没能培养出御宅族，让观众读者患上“二次元”的现代病。这代宗师更加重视艺术设计的伦理可能只是表面上的原因，而本质上的原因依然还是波兹曼提出的媒介环境的变迁问题——数字革命带来的不仅是信息大爆炸，也是艺术设计的大爆炸。随着计算机演算能力和存储能力的指数化增长，数字化的艺术设计开辟了新天地的同时，获得了前所未有的视觉表现力，数字音频技术和数字动画技术（例如 3D、Flash 等）还让屏幕中的虚拟人物获得了声音与呼吸，其典型是虚拟歌姬（语音合成软件）初音未来的诞生和其衍生的 3D 动画生态 MMD。迪士尼、丰子恺、手冢治虫的艺术设计建构的依然是工具使用文化时代的前数字社会的媒介环境，御宅族们建构的则是技术统治文化时代的数字社会的媒介环境——二次元。

跟单向度的“电视人”不同的是，御宅族自身是媒介环境的建构者，这是御宅族的希望，但御宅族的造物反过来驯化、圈养、控制御宅族，也成了他们的软肋与悲剧。御宅族文化发源自日本 20 世纪 80 年代的电器街（东京的秋叶原和大阪的日本桥），最早的御宅族是半导体领域的技术发烧友——电路板与个人电脑的 DIY 爱好者。他们一方面是业余或半业余的电路工程师与程序员，另一方面是数字艺术设计的开拓者，他们参考当时的漫画、动画，把自己的“梦中情人”搬上了液晶屏幕，在自己 DIY 的数字媒体上创造了一种崭新的艺术设计形态：美少女游戏。正如阿尔多斯·赫胥黎设想的“多感觉艺术”，它将文字、漫画、动画、语音、音乐等多种媒体融合在一起，超出阿尔多斯·赫胥黎设想的是，电器街技术宅们把这些旧媒体借代码在数字媒介上重新组装成一种“美少女”互动虚拟装置。

美少女游戏是二次元文化特有的艺术设计形态，由御宅族发明创造，也构成驯化御宅族的媒介环境。它发源于互联网并未普及，Windows 和 Mac 系统尚未垄断个人计算机（Personal Computer, PC）之前的个人电脑 DIY 时代，在移动互联的智能屏幕时代，它孵育出了当前最具经济、社会与文化影响力的游戏形式——二次元手游，例如，持续运营了 3 年的“原神”已经发展为一个在世界范围内拥有上千万用户，年收入数百亿人民币的超级互联网平台。从二次元手游的核心功能设计——与虚拟角色的互动——来看，和美少女游戏并没有什么区别，它依然是基于二次元情结的艺术设计。但从它采用的商业模式和内置的规训体制来看，和美少女游戏存在着显著的区别：

其一，大众性。和美少女游戏针对御宅族设计不一样的是，二次元手游靠内容的“全年龄化”（森冈正博所谓“戴着假面的色情”）和基本游玩免费的盈利机制拥抱了更为大众化的用户群体。

其二，忘忧性。一个投入大量资金，采用最新媒介技术搭建的即时反馈的艺术设计元宇宙，用户能在其中获得前所未有的审美体验。

其三，诱导性。建立在对用户消费心理、社会心理的深入研究上的“氪金”（消费）系统设计，利用人性的弱点（例如博彩心理、攀比心理等），诱导与刺激用户冲动消费，培养用户的长线消费习惯。

其四，洗脑性。要求用户每天上线，在游戏策划精巧的制度设计下，用户不得不反复地完成相同的任务，体验相同的游戏内容，抢占用户有限的时间、精力与注意力，形成排他性的洗脑空间。

其五，剥夺性。用户在游戏中的消费，只能获取数字内容或数据的使用权，不能获取所有权。根据用户协议，一方面，用户不能修改、自定义付费过的游戏内容与数据；另一方面，运营方可以肆意改动用户付费过的内容与数据。在二次元手游的内部，运营方建立了设计、内容与数据的绝对霸权，用户不再是媒介环境的建构主体，而成为边缘化的建构者（例如游戏社群中的二次创作者）或单方面受媒介环境驯化的对象。

二次元手游，这一美少女游戏的最新形态，作为一种驯化御宅族群的新型媒体环境，离阿尔多斯·赫胥黎笔下的那个“艺术设计的废托邦”又近了一步。但无论是个人电脑，还是移动互联网，御宅族依然能从他们建立在妄想（二次元情结）之上的元宇宙中逃逸出来，御宅族依然能分得清虚拟与现实，但当数字生命出现的时候，御宅族对美少女的妄想就成为现实，虚拟角色的“中文屋”——没有灵魂的“纸片人”问题就解决了。人工智能的发展有可能让御宅族或更广泛的大众的“艺术设计的废托邦”实现真正的闭环。

御宅族对于他们妄想中的元宇宙——二次元是如此的痴迷，然而他们也很清楚二次元的软肋。正如他们把动漫、游戏中的虚拟角色戏称为“纸片人”一样，他们知道自己从虚拟人物身上获得的审美体验的单薄性与单向度性，虚拟人物不过是诺伯特·维纳（Norbert Wiener）所说的赛博机器（Cybernetics）之前的发条机器，是会向御宅族表达爱意，但不理解什么是爱的“中文屋”，正如王

阳明所说的“山中之花”:

> 你未看此花时，此花与汝心同归于寂，你来看此花时，则此花颜色一时明白起来，便知此花不在你的心外。[1]

如果说“山”是御宅族建立在数字媒介环境之上的妄想中的元宇宙，那么“花”就是御宅族痴迷的虚拟人物。花之所以会与人的心“同归于寂”，是因为花对于人来说是客体，花的美、花的意义本来就属于人的心灵世界。二次元的美少女也是如此，当我关闭游戏，电脑停止相关的计算，虚拟人物就不复存在，当我忘掉了美少女（人脑不再进行相关计算），美少女便与我“同归于寂”。人类的意识，人的心灵世界是人脑计算活动的结果，人就是一台在死亡之前不会停止计算的机器。美少女的“归寂”是机器计算停止与人脑计算停止的双重结果。但当二次元的美少女成为数字生命的时候，情况就非常不同了。

其一，数字生命是永久计算的，只要有能量的输入，有硬件的维护，它就能持续地计算下去。数字生命赖以生存的元宇宙是一台永远不会关闭的游戏机，对于机外的原生生命（人类）而言，元宇宙存在退出键，但对于机内的数字生命而言，不存在退出键，只要机器还接通着电源，他们就会永远计算（存活）下去。永久计算的二次元数字生命成了不会寂灭的“永远娘”(とわこ)。

其二，数字生命是互相感知的，这种互相感知不仅是数字生命（机器与机器）之间的感知，也是原生生命与数字生命（人与机器）间的感知。这意味着不仅是人在看山中之花，花也在看山中之人。互相感知的二次元数字生命和原生生命（人）一样能够进行意识、

[1]（明）王守仁:《王阳明全集》, 上海古籍出版社 2011 年版，第 122 页。

情感、美与意义的计算，建立自己的心灵世界。

其三，数字生命具有成长性与建构性，数字生命能够学习通过感知输入的信息，实现自我的迭代与智能的成长，甚至能在元宇宙中创造自己的文化，能够成长与建构的二次元数字生命不再是停滞不变的“纸片人”、停留在媒介中的“镜中花”。

数字生命加元宇宙，就是未来的人工智能加媒介环境，它会产生一个真正意义上的技术垄断文化的艺术设计媒介环境，一个生命化的二次元——人机关系取代人际关系，原生生命拜倒在数字生命下。如果不进行设计治理的话，那么“二次元”的病理，不只会作用于御宅族这样的小众群体，还会扩散到更为广泛的人群，甚至可能成为一个全社会性的艺术设计废托邦。

数字媒介环境下的艺术设计废托邦的核心矛盾在于虚拟世界建立在现实世界的基础上，元宇宙需要消耗大量的算力与能源，需要从现实的宇宙中汲取物质与能量才能维持运行。原生生命需要食物和饮用水才能维生，数字生命没有电力供应就会死亡（是否能重启则是另外一回事），如果人工智能还不能代替人类工作，提高劳动生产率，那么二次元数字生命不过是一种需要不断投入资源的昂贵数字宠物而已，这无论对于原生生命，还是对于数字生命而言，都是一种不健康的关系，当你对二次元的数字生命腻烦了，或者没有资源再维持下去了，那么原生生命有没有权力拔掉数字生命的电源插头，也是一个无解的问题。建立在人工智能之上的艺术设计媒体环境具有沉迷性与颓废性，在人类提高劳动生产率，能稳定获取无限的能源（例如核聚变）之前，人工智能的艺术设计废托邦问题会一直存在。

第七章 基于中国自主人工智能设计治理体系的数据治理问题研究

一、引言

20 世纪 50 年代的达特茅斯会议是人工智能领域的里程碑事件。在这一会议上，克劳德·香农、约翰·麦卡锡（John McCarthy）、赫伯特·西蒙等科学家深入讨论了“如何用机器模仿人类学习”的议题，首次提出了“人工智能”这一后世广为人知的概念。[1] 20 世纪五六十年代，学术界关注于如何通过编写算法来让计算机自动进行模式识别和决策，孕育了机器学习概念。20 世纪 80 年代，随着计算机算力的不断提高，卷积神经网络和循环神经网络等新一代人工智能技术迈向了人工智能的舞台，广泛应用于图像识别、语音识别、自然语言处理和数据挖掘等领域。2006 年，神经网络之父杰弗里·辛顿（Geoffrey E. Hinton）提出了深度学习概念。[2] 此后，以深度学习为代表的人工智能技术在数字空间、物理空间和社会空间三元深度融合下迅速发展，在语音识别、机器翻译、文本检索和自

[1] 张妮、徐文尚、王文文：《人工智能技术发展及应用研究综述》，载《煤矿机械》2009 年第 2 期。

[2] 余凯、贾磊、陈雨强等：《深度学习的昨天、今天和明天》，载《计算机研究与发展》2013 年第 9 期。

然语言处理方面取得了一定的突破。[1] 近年来，产出了 AlphaGo、Sophia、ChatGPT、Midjourney 等人工智能领域的阶段性突破产品，持续释放了数字时代的技术红利，已广泛应用于智慧城市、智慧教育、智能医疗和数字艺术等领域。

数据伴随着人类创造人工世界的活动而创造、保存、演绎。随着人类社会迈入尼古拉斯·尼葛洛庞帝（Nicholas Negroponte）意义上的数字化生存时代，人类产生的数据正以几何级数增加，人类社会的一切信息正以前所未有的速度转化为可供数字化保存与利用的大数据。互联网数据中心（Internet Data Center）在《数据时代2025》报告中指出，截至 2025 年人类创造的大数据将达到 163ZB，相较于 2016 年的 16.1ZB 增长约十倍。[2] 作为信息爆炸时代的崭新技术现象，大数据有助于归纳更准确的数据规律，为社会各领域的决策提供更精准的依据，提升了社会生产效率。然而，大数据导致的数据滥用、数据泄露、数据伪造和数据风险等数据安全问题[3] 极大地加剧了社会各领域的风险，向传统的治理方式提出了挑战。作为崭新技术力量的直接彰显，大数据正广泛应用于社会生活的各个领域。大数据与工程设计深度结合，孕育了更细分的、更聚焦的"数据工程设计"问题。由于技术的进步必然裹挟崭新的社会技术问题，因此与之同步也诞生了以"数据工程设计治理"问题为代表的数据治理问题。

如何从跨领域思维的角度充分发挥大数据的正面技术效应，治

[1] 孙志军、薛磊、许阳明等：《深度学习研究综述》，载《计算机应用研究》2012 年第 8 期。

[2]《IDC 发布〈数据时代 2025〉白皮书，2025 年全球数据量将达 163ZB》，中国存储网，https://www.chinastor.com/market/12214001H018.html，访问时间：2023 年 7 月 1 日。

[3] 孙雷亮：《基于 GPT 模型的人工智能数据伪造风险研究》，载《信息安全研究》2023 年第 6 期。

理大数据的数据安全问题，从源头引领人工智能的正向发展，更好地模拟人类的智能行为和思维过程，辅助人类更好地理解自身和改善生活是本次研究的核心。本书将中国自主人工智能设计治理工具系统分为政策法规类人工智能设计治理工具系统、习俗舆论类人工智能设计治理工具系统、技术评估类人工智能设计治理工具系统等三种类型，将其应用于人工智能的数据治理。中国自主人工智能设计治理工具系统能够为人工智能中的大数据研究与应用提供完善的法律标准和保障，确保大数据参与人员遵守行业规则，引导社会公众参与人工智能设计与治理的全流程，理解和处理不同文化中的数据认知差异，推动人工智能数据治理的健康有序发展，提升人工智能设计治理的公平性与适应性，为人工智能的未来发展与本土化应用贡献当代设计学的智慧。

二、弱人工智能时代的数据治理问题

（一）大数据的基本概念

数据伴随着人类创造人工世界的活动而创造、保存、演绎。在文字诞生之前，远古先民以结绳记事的方式记录生产生活中的重要事件[1]，为文明的传承提供了媒介；在经济、文化繁荣的唐代，工匠利用雕版印刷技术批量化生产重要书籍，为文化的传播与繁荣提供了基础；在数字化技术日益完善的当代，激光排版对于信息的传播与使用起到了重要的作用。由此可见，人类对于数据的使用与分析的历史极为悠久，数据贯穿人类文明史的始终，对人类文明的记录与发展起到了极大的推动作用，已成为人类社会至关重要的资源。

[1] 唐莹、易昌良：《刍论政府数据治理模式的构建》，载《理论导刊》2018年第7期。

对于数据的本体概念，学术界通常有多维度的理解。对数据的代表性观点有：数据既是对被记录者的立体解析，也是其内心活动的数字素描，数据既可以真实记录已经发生的，也可能预测将要发生的[1]；数据是对客观世界进行量化和记录的结果[2]；数据是对客观世界记录、量化、分析、重组后再现的结果[3]。纵观学者对于数据的理解，虽然表述略有不同，但均认为数据是对现实世界信息的分析、量化与记录，数据规律为社会各领域的决策提供了更精准的依据，提升了社会生产效率。

“大数据”一词最早由美国未来学家阿尔文·托夫勒（Alvin Toffer）于《第三次浪潮》（*The Third Wave*）一书中提出，指的是信息技术发展所带来的数据量的快速增长，并由此引起的技术、经济、社会等方面的变化，由此，阿尔文·托夫勒把大数据称为第三次浪潮下的华彩乐章[4][5]。随着数字技术的不断完善，人类对于数字数据的理解与应用愈来愈广泛，大数据的概念亦得以完善与更新，次第经历了包含大量数据的复杂结构数据集[6]、超越传统数据库的数据管理能力的数据集、能够增长洞察力与流程优化力的多样化信息资产[7]等定义。学术界公认大数据具有数

[1] [美] 艾伯特-拉斯洛·巴拉巴西：《爆发——大数据时代预见未来的新思维》，马慧译，北京联合出版公司2017年版，第255—256页。

[2] 参见张绍华、潘蓉、宗宇伟：《大数据治理与服务》，上海科学技术出版社2016年版，第3页。

[3] 唐莹、易昌良：《刍论政府数据治理模式的构建》，载《理论导刊》2018年第7期。

[4] 孙伟林：《从〈第三次浪潮〉〈数字化生存〉到〈大数据时代〉》，载《民主与科学》2013年第6期。

[5] Toffer A. The third wave [M]. New York: Bantam Books, 1981.

[6] 参见连玉明：《中国大数据发展与展望》，社会科学文献出版社2017年版，第2—5页。

[7] 参见彭宇、庞景月、刘大同等：《大数据：内涵、技术体系与展望》，载《电子测量与仪器学报》2015年第4期。

据量庞大（Volume）、数据处理快速（Velocity）、数据种类丰富（Variety）、数据准确可信（Veracity）和数据价值多元（Value）等5V特征。[1] 在“万物皆可数据化”的概念引导下，社会生活各个领域的大数据呈现指数级增长的趋势[2]，颠覆了对于数据的传统认知，增进了社会的数字生产力，正不断引领人类社会的数字化进程。

近年来，现代社会正逐步迈入尼葛洛庞帝意义上的数字化生存时代，信息的数字化与系统化已成为未来数据记录与利用的常态。作为数据储存与利用的崭新形态，大数据既全面重构了社会的数据形态与处理方式、释放了数字时代的技术红利，亦带来了前所未有的数据风险、提出了不同于以往的治理挑战，引起学术界日益广泛的关注。

（二）数据治理的概念界定

人类社会的一切信息正以前所未有的速度转化为可供数字化保存与利用的大数据。大数据能够归纳更准确的数据规律，为社会各领域的决策提供更精准的依据，提升社会生产效率。然而，在带来时代利好的同时，大数据导致的数据滥用、数据泄露、数据伪造和数据风险等数据安全问题亦极大地加剧社会各领域的风险，向传统的治理方式提出了挑战。2020年，商家对于大数据的不正当利用而产生的杀熟现象唤起社会各界的广泛关注，引发如何从法律层面治理数据的讨论。[3] 2021年，工业和信息化部发布《“十四五”大数据产业发展规划》指出要提升数据安全风险防范和处置能

[1] 魏苗、陈述：《大数据分析导论》，电子工业出版社2019年版，第47—52页。

[2] 参见彭宇、庞景月、刘大同等：《大数据：内涵、技术体系与展望》，载《电子测量与仪器学报》2015年第4期。

[3]《人民日报人民时评：用法治遏制大数据“杀熟”》，人民网，http://opinion.people.com.cn/n1/2020/1209/c1003-31959826.html，访问时间：2023年7月1日。

力。[1] 2022 年，中共中央、国务院印发《关于构建数据基础制度更好发挥数据要素作用的意见》，提出保障数据安全利用的二十条意见，指出应当推进实施公共数据确权授权机制，严格遵守数据的使用限制要求。[2] 2023 年，工业和信息化部等 16 个部门共同发布了《关于促进数据安全产业发展的指导意见》，指出应当推动数据安全产业高质量发展，全面加强数据安全产业体系和能力。[3] 由此可知，如何从跨领域思维的角度充分发挥大数据的正面技术效应，治理大数据的数据安全问题，从源头引领人工智能的正向发展，更好地模拟人类的智能行为和思维过程，辅助人类更好地理解自身和改善生活是促使大数据的正向发展必须解决的时代之问。

数据治理是与大数据相伴的新概念，具有双重含义。其一，数据治理指的是大数据作为治理手段，实现全社会有效运行的数据治理方式。[4] 在这一语境下，数据治理成为不同于现有治理方式的崭新手段，为社会治理提供了崭新的观念与视角，亦是社会治理变革的推动力量。其基本步骤为把真实世界物理环境的信息量化为数据，对社会各领域的大数据进行精准分析，提取对应社会领域的数据规律，优化资源配置效率，为决策提供更精准的数据基础。以城市交通大数据的治理为例，随着我国城市化进程的日益提速，超大规模的复杂交通系统设计已成为城市发展中的关键组成部分。通过

[1]《〈“十四五”大数据产业发展规划〉解读》，中华人民共和国中央人民政府官网，https://www.gov.cn/zhengce/2021-12/01/content_5655197.htm，访问时间：2023 年 7 月 1 日。

[2]《中共中央　国务院关于构建数据基础制度更好发挥数据要素作用的意见》，中华人民共和国中央人民政府官网，https://www.gov.cn/gongbao/content/2023/content_5736707.htm，访问时间：2023 年 7 月 1 日。

[3]《工业和信息化部等十六部门关于促进数据安全产业发展的指导意见》，中华人民共和国中央人民政府官网，https://www.gov.cn/zhengce/zhengceku/2023-01/15/content_5737026.htm，访问时间：2023 年 7 月 1 日。

[4] 何哲：《国家数字治理的宏观架构》，载《电子政务》2019 年第 1 期。

实时收集、更新、分析道路的车辆数据与设施数据等数字交通信息，可以构建城市交通大数据集合，优化交通的信号设施与交通的流量状态，实时适应超大规模的通行要求，完善城市的交通枢纽功能，满足远距离通勤要求，保证城市交通具有较好的适应度。

其二，数据治理指的是对于数据的治理，即用统一的解决方案和治理模型来保护和共享不同层面的数据。[1]在这一语境下，数据滥用、数据泄露、数据伪造和数据风险等数据本体的治理问题是数据治理的对象。数据治理的基本步骤为构建产生、收集、分析、利用、封存的全流程数据治理体系，从源头改善数据的采集质量，降低数据利用中的安全问题，引导数据服务于社会治理体系。以城市洪涝大数据为例，在传统的城市洪涝管理中，存在数据更新不及时、数据准确度不高、数据利用率较低等现象，导致暴雨等极端天气下，无法充分发挥城市的排水功能，进而导致单位时间内城市主干道积水等现象，对居民的出行与生活造成不便。通过对城市管理的大数据予以治理，可以从源头改善城市光照、建筑、排水等数据的采集质量，实时更新全时间段城市各处排水设施的工作状态，在暴雨天气下，实时开启闲置状态的排水设备，提升单位时间的城市排水量，在干燥天气下，实时关闭正在工作的排水设备，节约设备所需的电量，为城市的协同管理提供可靠的数据支持。同时，设立城市管理数据的监管体系，保证数据的安全存储与合理利用。

数据治理的双重含义之间具有联动关系。在现代社会中，数据已经成为社会治理的基础资源。“对于数据的治理”旨在保证数据的可靠性与有效性，为数据的利用提供稳定的基础。“用数据展开治理”旨在利用崭新的数据手段，补充现有的治理方式，进而更精确地进行治理和管理。通过把握“对于数据的治理”“用数据展开

[1] 张宁、袁勤俭：《数据治理研究述评》，载《情报杂志》2017年第5期。

治理”之间的联动关系，进而理解当代人工智能时代的数据治理的核心问题。

（三）弱人工智能时代的数据治理问题

大数据是人工智能赖以完善与发展的基础，两者之间存在着依存又博弈的相互关系，随着人工智能在各领域的深度应用，大数据得到更广泛的使用，但同时也面临多方安全风险[1]，这些风险正挑战着传统意义上的安全防范机制[2]。

在人工智能与大数据的关系方面。第一，大数据为人工智能提供了算法训练所需的数据来源。人工智能的本质是通过大量数据的分析、识别的方式，训练算法的可信度，提升图像识别、语音识别、文字生成的能力。随着人工智能模型的升级迭代，算法所需的大数据的量级与准确度都会大幅度提升。因此，大数据的来源、数量、质量对于人工智能算法的迭代与完善至关重要。第二，人工智能可以促进数据的收集、储存与利用的智能化水平。受到妥善训练的人工智能模型可以自动采集、筛选、整理社会各领域的大数据，精准分析数据的内在规律与运行模式，将数据灵活应用于社会各领域。以数字城市的大数据为例。人工智能模型可以快速收集城市的信息设备、能源、交通、社区、服务、园林、土壤、大气、水文、气候和湿度等大数据，构建城市的数字化信息数据库，辅以全维度、全要素的数据管理方式，对真实城市予以数字仿真，将之应用于数字孪生城市设计。同时，生成后的数据又可以为人工智能模型的下一次训练提供基础。

在大数据的安全方面。第一，数据偏差方面。人工智能的数据偏差问题可分为客观数据偏差与主观数据偏差。客观数据偏差指的

[1] 林伟:《人工智能数据安全风险及应对》，载《情报杂志》2022年第10期。
[2] 缪文升:《人工智能时代个人信息数据安全问题的法律规制》，载《广西社会科学》2018年第9期。

是在机器学习模型训练中，由于未充分考虑所提供数据的全面性、均衡性、准确性等要素或未充分平衡数据各要素的权重地位而产生的数据失真现象。数据的本质是对真实世界信息的降维理解。客观数据偏差会导致训练得到的人工智能模型无法全面、准确地反映真实世界的信息与行为，影响人工智能模型应用时的准确性与公平性。主观信息偏差又称数据伪造，指的是在人工智能模型训练之初，把正确的源数据与伪造的虚假数据结合，形成失真的混合数据。人工智能模型在利用混合数据开展训练后，创造出符合数据制造者意图的、失真的模拟结果。数据伪造往往会触及法律的底线，产生一系列的法律与道德问题。由于人工智能的正确决策和正向利用均依赖于大数据的可靠性与安全性，因此主观数据偏差与客观数据偏差问题均会极大地影响人工智能的决策结果，降低人工智能的社会价值。第二，数据安全方面。数据安全包括数据的过度采集与数据滥用问题。数据过度采集指的是在用户使用人工智能相关应用的过程中，运营主体违反用户信息采集中用户知情、有限采集、限制用途、保护隐私的基本准则，在收集应用运行所需的基本信息之外，收集超越合理范围的用户敏感信息，将之用以大数据采集、利用与生成。数据过度采集与数据滥用之间存在着紧密的联系。在未获得用户同意的前提下，过度采集用户的个人身份、地理位置、购物偏好等重要信息之后，相关机构会过度使用用户的敏感数字信息，将之应用于用户喜好分析等场景，进一步导致过滤气泡[1]、信息茧房[2]等信息过度推送问题。

[1]“过滤气泡”一词由伊莱·帕里泽（Eli Pariser）提出，指的是信息世界的一系列个性化过滤器和由此架构的筛选后推荐算法。本文于此处引入“过滤气泡”一词，意在强调大数据过度采集和滥用导致的操纵用户所接收信息的现象。

[2]“信息茧房”指的是人们在信息世界中会受到自己感兴趣的信息吸引的现象，通常导致受困于固定领域信息的问题。本文于此处引入“信息茧房”一词，意在强调大数据的过度采集对用户接收信息方式的影响。

三、“架构设计”：数据工程设计治理

彼得–保罗·维贝克（Peter-Paul Verbeek）指出，人类创造事物的本质实则是创造与事物交互的各类关系，而关系又与社会情境中的万事万物构成或大或小的交互系统。[1]作为人类创造人工世界的一切活动，系统性是设计的思维方式，亦是造物的本质属性。[2]因此，跨学科的交叉研究是设计研究的必然趋势[3]，应当在设计的交叉学科研究中洞察新生事物的样貌，廓清动态而又庞杂的系统性概念，发挥设计的交叉研究职能，充分解决复杂社会系统的多样设计问题。就大数据而言，作为崭新技术力量的直接彰显，大数据正广泛应用于社会生活的各个领域。大数据与工程设计深度结合，孕育了更细分的、更聚焦的“数据工程设计”问题。由于技术的进步必然裹挟崭新的社会技术问题，因此与之同步也诞生了“数据工程设计治理”问题。作为无形的设计物，“数据工程设计”和“数据工程设计治理”是一种观念设计问题，也是跨领域设计治理问题，还是“架构设计”（Schema Design）的研究范畴，更是社会设计学体系和工程设计学体系的交叉研究领域。应当通过引入“架构设计”概念，整体理解大数据在工程设计中的理论研究和实践应用，既能解决数据工程的设计治理问题，又为工程设计学体系的进一步建构提供理论指导。

“架构设计”是当代设计学体系中工程设计学体系的核心概念，具有嵌套关系，是解决有形或无形设计物的技术、社会、文化问题

[1]［荷］彼得–保罗·维贝克、汪芸：《超越交互：中介理论简介》，载《装饰》2021年第9期。

[2]杭间：《系统性的涵义：万物皆“设计”》，载《装饰》2021年第12期。

[3]贡雨婕、何莎：《国外设计学学科发展趋势研究报告（2012—2022）》，载《服装设计师》2023年第1期。

的手段。在讨论数据工程设计治理问题之前，先厘清架构设计的概念，有助于为后续研究开展提供理论支持。

第一，“架构设计”是工程设计学体系的核心概念。工程设计学体系是当代设计学体系中实践设计学体系的子研究体系，旨在依据每种设计目的将诸多技术问题进行逻辑架构，服务于人类创造人工世界的设计活动。其核心概念“架构设计”通过研究设计物（有形设计物或无形设计物）的内在结构，以人工手段弥补自然环境的不足，构建可供人类生存与发展的人工世界，构建美好的生活愿景与秩序。

第二，“架构设计”具有“链接”“重组”“创生”等理论方面。技术方面的“链接”目的是在具有差异性的技术和学科领域之间设立新的链接关系构建技术结构体，改善乃至于解决工程中的抗解问题；社会方面的“重组”旨在重组工程项目和社会情境之间的交互机制，在更广泛的社会情境中重新理解和定义工程问题；文化方面的“创生”旨在创生工程理论和未来社会愿景，构建观念方面的人与工程、人与人、人与社会情境的交互秩序[1]。

第三，“架构设计”是有别于“设计架构”的理论概念。“设计架构”缘起于2011年多斯特（Dorst K.）提出的设计是一种架构[2]，把设计作为“架构”，既关注对于构件本体的定义，也关注构件之间的交互关系，目的是解决微周期和全周期的设计问题。[3]而“架构设计”更关注于解决社会情境中的具体工程设计问题，是技术、社会、文化方面的联动，旨在构建人类生活的美好秩序，服

[1] 有关“当代设计学体系、工程设计学体系、架构设计”的嵌套关系与基本框架详见笔者《工程设计学体系论纲》一文，本文限于篇幅，在此不展开论述。

[2] Dorst K. The core of “design thinking” and its application [J]. Design Studies, 2011, 32(6):521—532.

[3] 赵江洪、赵丹华、顾方舟：《设计研究：回顾与反思》，载《装饰》2019年第10期。

务于国家发展战略。

“数据工程设计”是本研究基于大数据和工程设计学提出的新概念，指的是大数据在工程设计中的创造性应用和伴随产生的工程设计新进展。在“架构设计”的映射下，可以从“链接”“重组”“创生”等角度解读数据工程设计的内涵。

首先，就“链接”的角度而言，大数据的本质是一项包含数据收集、分析、利用、封存等功能的技术。因此，大数据技术可以与工程设计领域的现有技术共同构成具有差异性的技术结构体，赋予现有技术以新能力，弥补现有技术的不足，从而多维度解决工程设计的抗解问题。在大数据提供的大量实时数据的帮助下，工程设计师拥有了更全面、准确的数据视角，能够以跨学科设计思维整合多维度、多尺度的大数据，理解工程系统的多个子系统之间的相互作用和联动关系，降低单一技术的信息孤岛效应，为工程设计的决策、应用提供数据支持。

其次，就“重组”的角度而言，大数据包含大量的数据样本，呈现特定领域的数据规律。通过分析大数据中的规律，工程设计师可以更准确地理解具体社会情境中的工程现象，重新定义工程设计问题，提出更具时效的工程设计方案。这意味着工程设计师可以准确地预测工程设计的各个阶段可能存在的问题，从而提前消弭工程设计的安全风险。

最后，就“创生”的角度而言，大数据为工程设计师提供分析用户生活情境的路径。在以大数据为关键技术的工程技术结构体的赋能下，工程设计师可以从“以用户为中心的设计”（User Centered Design, UCD）转向“以人类为中心的设计”（Human Centered Design, HCD），进而真正转向“活人设计”，从充满生命性的视角洞察人类的整体生活世界，服务于具体社会情境中的、不断与环境互动的“活人”，真正地实现人类福祉，迈向人类命运共同体的未来愿景，构建人类生活的美好秩序。[1]

尼葛洛庞帝在《数字化生存》(*Be Digital*) 中指出，每一项技术必然有其负面效应。[2] 大数据作为一项具有广泛社会影响的新技术，在带来技术红利的同时，也不可避免地裹挟了数据滥用、数据泄露、过度采集和数据偏差等安全问题。在应用于工程设计的实践过程中，数据治理问题进一步具体化，产生了新的数据工程设计治理问题。例如，在建筑工程设计中，借由实时同步的建筑大数据信息构建的数字孪生系统，可以帮助建筑工程设计师及时维护建筑系统的运行状态，解决建筑投入运行后的长期维护问题，但是如果在数据采集时产生数据偏差，就会产生信息判断不准确、维护不到位等问题。又如，在城市工程设计中，大数据可以提供人口分布、交通流量、环境安全指数等具有参考价值的定量信息，辅助城市规划设计师按照具体的城市环境提出智慧城市设计方案，但是分析大量数据时产生的主观信息偏差可能导致决策的滞后性。再如，在室内工程设计中，大数据可以帮助设计师更精准地了解用户的喜好、分析用户的生活习惯与日常行为，提供便利与个性化的设计服务，但是如果未充分保证数据的存储和传输安全，则会产生数据泄露与滥用的风险。

虽然工程风险具有客观性、普遍性和不可预测性，即任何工程都可能包含风险[3]，但是大数据的不正当利用会产生新的工程伦理

[1]“活人设计”是笔者提出的理论概念，指的是为真实世界中的具体的人类设计。此处引入“活人设计”概念，旨在强调大数据赋能下工程设计真正为了人类的福祉而服务的特征，同时保持本书观点与笔者提出的中国当代设计理论体系之间的理论连续性。

[2][美]尼葛洛庞帝：《数字化生存》，胡泳、范海燕译，电子工业出版社 2017 年版，第 229 页。

[3]白姗：《大数据技术应用的工程伦理风险探析》，载《文化创新比较研究》2022 年第 18 期。

问题，从而增加不必要的工程风险，减少大数据的正面价值。大数据的数据滥用、数据泄露、过度采集和数据偏差等安全问题极大地加剧了社会各领域的风险，向传统的治理方式提出了挑战。现有的算法治理、网络治理、伦理治理、法律治理、信息治理、系统治理和机构治理等人工智能治理方式无法全面解决日益增长的人工智能数据治理问题。应当立足于当代设计学体系，从跨领域设计思维的角度充分发挥大数据的正面技术效应，治理大数据的数据安全问题，从源头引领人工智能的正向发展，更好地模拟人类的智能行为和思维过程，辅助人类更好地理解自身和改善生活。

四、设计治理工具系统下的数据设计治理问题

正如第四章“中国自主人工智能设计治理的工具系统”所述，设计治理是当代设计学体系中社会设计学的核心范畴，旨在以设计的方式融入治理，解决人工世界建构中长远性、整体性问题，是一种从人类整体利益出发，以人为中心的治理模式。设计治理亦是国家治理的重要方式，以设计的方式介入国家治理。

中国自主人工智能设计治理工具系统是人工智能设计治理的具体方式，亦是设计治理工具系统在人工智能设计治理中的映射，共包含人工智能设计治理的法规、政策、控制、习俗、舆论、激励、技术、知识和评估九大设计治理工具。按照设计治理工具在人工智能设计治理过程中的作用方式，可大致分为政策法规类设计治理工具系统、习俗舆论类设计治理工具系统、技术评估类设计治理工具系统。

（一）政策法规类设计治理工具系统与数据治理

相较于传统纸本数据的保护、管理、利用，人工智能的数据保护与治理是时代赋予的新课题，对于政策与法规的时效性提出了较高的要求。法规是多维度要素的平衡，具有一定的滞后性。因此，

需要引入灵活度更高的政策、控制工具，与法规共同构成政策法规类设计治理工具系统，为人工智能数据治理提供法律与政策保障。

中国自主政策法规类设计治理工具系统包含政策、法规和控制三类设计治理工具，旨在从官方层面对数据治理的主体开展全维度的指导和监管。

第一，人工智能设计治理的法规工具是政府对于人工智能设计治理的长期目标的条例化体现。为人工智能的数据治理设立完善的法律标准，提供体系化的法规保障，既可以推动大数据的健康有序发展，亦可以有效应对大数据的不断更迭对法律提出的挑战。具体而言，通过法规工具制定数据治理相关法规，可以明确人工智能设计与治理中的数据的利用范围、保护范畴和隐私边界，规范相关行业机构在用户使用软件过程中的数据采集范围，指导相关行业合理处理用户信息，完成用户信息的脱敏，保护用户的信息安全。法规工具还可以规范大数据的应用领域，明确社会各领域在大数据采集、分析、利用和保存等流程中的权力边界，保障人工智能设计、开发、应用过程中的数据隐私、伦理安全等问题，为人工智能与大数据的正向互动提供完善的法律标准，为人工智能的发展提供更好的环境。

第二，人工智能设计治理的政策工具更具有灵活引导性，旨在联合政府部门、高校、科研机构、人工智能专家等机构与个人共同制定数据保护与利用的指导性原则，为人工智能数据治理提供指导。具体而言，通过政策工具可以为人工智能的数据治理提供政策导向，鼓励并促进相关机构与行业在大数据的采集与利用过程中遵守行业准则，共同致力于实现人工智能的数据保护，促进数据行业的长远发展。还可以通过政策利好等方式，鼓励高校、科研机构和企业等开展数据保护方式的创新研究，共同开展适用于我国国情的、本土化的数据治理的探索和实践。

第三，人工智能设计治理的控制工具旨在以国家政府和市场机构作为共同主导，设立人工智能数据治理的全要素规范，是政策与法规工具的有效补充。通过控制工具从政府方面整体把控人工智能中数据利用的合法性，可以保护用户的数据安全，从源头避免数据的过度采集与滥用问题，保护大数据的真实性和不可伪造性。通过控制工具从市场方面提升人工智能开发过程中数据利用过程的可信度与透明度，在政策法规所允许的框架内可以丰富大数据的数据来源，保证数据多样性，为数据的权重配比提供灵活的空间。

（二）习俗舆论类设计治理工具系统与数据治理

由于人类必须依托于具体的社会情境与文化语境开展数据的创造与记录工作，而文化语境又包含了人类的思想观念、价值导向、行为模式等文化要素，因此数据不可避免地具有一定的“在地性”特征，记录了当地复杂而多元的文化习俗，在形式上体现为数据所用语言差异、数据的表述方式差异、同一数据的认知差异等。在采集与利用不同地区的数据时，需要考虑不同社会情境下的数据理解差异，充分理解和处理不同文化中的数据，避免因误解和歧义导致的数据偏差。

中国自主“习俗舆论类”设计治理工具系统包含习俗、舆论、激励等三类设计治理工具系统，旨在充分考虑文化习俗差异，通过本土的习俗舆论讨论数据治理中的人文议题。

第一，人工智能设计治理的习俗工具是社会情境中行为、信仰、感情等文化要素的集合，具有较为稳定的特征，从人文角度洞察人工智能数据治理的全过程与全要素，可以帮助数据治理的各方更好地理解与应用中国本土文化，满足不同省市的数据保护需求。通过习俗工具充分考虑和尊重不同地区的文化差异，满足不同地区的数据保护需求。例如，在数据采集阶段，通过民族志研究法，可以充分理解当地的文化情境与数据需求，再针对不同省区市的本土文化差异，选择合适的数据源，对数据开展本土化的采集。在数据的处理与应用阶段，结合本地文化特点和习俗，通过习俗工具合理调控数据中的极限样本数量，以定性与定量结合的方式赋予数据权重，可以提高数据集合的准确性、包容性、适应性。在数据的保护阶段，应当尊重数据所在地的文化习俗和伦理价值等因素，灵活运用不同的数据使用规范和隐私保护措施，以尊重和满足当地文化和法律要求。

第二，人工智能设计治理的舆论工具是人民对于具体社会情境中的特定公共事件所表达出的态度、观点、立场。人工智能的黑箱问题与可解释性是一组互补概念。人工智能的数据治理中的黑箱问题是指由于大数据的数据量极为庞大，数据来源多元丰富，因此数据的处理过程充满复杂性与不确定性，无法完全预测数据的处理结果。可解释性是指人类能够对事物运行的过程和结果进行理解和解释。因此，可解释性的增加有利于破解人工智能的数据黑箱问题。通过舆论工具充分引导舆论的正向价值，引导公众参与人工智能的数据治理工作，可以增进公众对大数据的了解，让数据保护的过程更为透明化，数据治理的结果更为公开化，增进数据利用全流程的可解释性。通过舆论工具的正向引导，让用户与利益相关方构建合理的心理模型，可以充分了解人工智能的数据的全周期原理和运行机制，从而增进数据治理的可解释性，达到破解算法黑箱问题的目的。通过舆论工具引导网络舆论充分发挥正向积极作用，可以让公众以轻松的方式了解数据采集、分析、处理、存储的全流程原理，向公众普及人工智能在社会中的应用和影响，保证公众共同参与数据安全的监督工作，构成舆论监督的优良态势，有效地预防与避免人工智能负面事件的发生。

第三，人工智能设计治理的激励工具可以建构人工智能中数据治理的正向激励机制，唤起机构、部门、个人对于数据治理的积极性，鼓励更多机构与个人参与人工智能数据治理，从而让数据更好地服务于社会的未来发展。通过激励工具，建立正向奖励机制，设立科学严谨的评价标准，可以鼓励政府部门、企业和个人以各自的专业领域参与人工智能的数据治理。以对研究团队的激励为例，在研究团队研发出有助于保护数据的新算法时，可以量化其科研贡献，通过表彰等精神激励方式和追加科研经费等物质激励方式，激励团队继续从事算法的优化迭代研究。通过激励工具还可以适当引入团队间激励机制，设立同一竞争目标等方式，促进科研团队投入数据治理的机制和人工智能算法的研究，可以唤起各方对于数据治理的积极性。例如，立足于社会情境中的具体数据治理案例，可以引导研究团队展开理论研究与具体实践。

（三）技术评估类设计治理工具系统与数据治理

人工智能是技术、工程、艺术和文化的有机结合，涵盖计算机科学、认知科学、心理学、机器学习、自然语言处理、深度学习和算法工程等各维度的学科知识。作为当代技术力量的直接彰显，人工智能展现了技术的二元性，也需要引入人文知识予以调控。数据作为人工智能的基础之一，亦是技术与知识的有机结合。数据的采集、分析、利用、存储等步骤需要技术与知识共同发挥正向作用。由于当前技术类治理工具与知识类治理工具具有相对独立性，尚未建构技术知识类设计治理工具体系，因此现有的算法治理、舆情治理、网络治理、伦理治理、法律治理、信息治理、政策治理、系统治理、节点治理、协同治理、政府治理和机构治理等多维度的人工智能治理无法全面解决日益增长的人工智能的数据治理问题。

中国自主技术评估类设计治理工具系统包含技术、知识、评估三类设计治理工具系统，构成自我指涉且持续优化的人工智能设计治理环境，搭建有效的治理机制来应对由知识差异性、知识复杂性以及创新者利益冲突所产生的知识基础性风险。[1]

第一，人工智能设计治理的技术工具可以构建数据治理的技术结构体，解决人工智能的技术问题，更新数据治理的技术手段，解决由技术所导致的数据偏差等问题。通过技术工具建构数据治理的技术结构体，可以服务于数据治理的全流程，解决数据治理的全要素问题。通过技术工具优化数据治理的流程与框架，筛选最优技术组合，可以弥补数据治理中技术手段的不足，消除单一技术无法理解数据治理问题全貌的局限。由于技术结构体可以在不影响技术群稳定的同时更新现有技术结构，因此，技术工具可以适当淘汰旧的数据治理技术，引入经过验证、行之有效的新技术，鼓励新技术的研发，为数据治理提供崭新的技术手段[2]。

第二，人工智能的数据治理问题是一个包含多领域知识的复杂技术系统问题，旨在建构以技术、工程、艺术和文化等领域的知识为核心的数据治理的知识结构，提升公众对于数据治理原理的理解能力，构建有序的数据治理环境。通过知识工具设立打通技术、社会、文化等方面的数据治理技术手册，可以详细阐述数据治理的采集、分析、利用、存储等各维度的技术特征、原理与原则，构建数据治理的统一标准，从而构建数据治理的基础知识环境。在有序的数据治理环境的基础上，知识工具还可以提升社会各领域对于数据治理的理解能力，为强人工智能、超人工智能的数据治理提供理论储备。

第三，人工智能设计治理的评估工具旨在评估人工智能的数

[1] 王雎：《开放式创新下的知识治理——基于认知视角的跨案例研究》，载《南开管理评论》2009 年第 3 期。

[2] 有关技术结构体的论述详见笔者《工程设计学体系论纲》一文，本文限于篇幅，在此不展开论述。

据治理的当前应用场景与长远发展愿景。评估工具可以统筹政策、法规、控制、舆论、习俗、知识、技术和激励设计治理工具，评估各个工具系统在数据治理中的应用前景，优化工具系统之间的联动关系。评估工具还具有自我指涉的优势。由于人工智能具有“在地性”特征，因此随着社会情境、文化语境的日益变迁，人工智能的功能与价值亦产生变迁。因此，需要持续地更新和改进评估工具，以确保评估工具始终适用于人工智能数据治理的最新要求。

五、小结

数据对于人类文明的记录与发展起到了极大的推动作用，已成为人类社会发展的重要资源。当前正处于第三次人工智能浪潮之中，人类社会的一切信息正以前所未有的速度转化为可供数字化保存与利用的大数据。大数据能够归纳更准确的数据规律，为社会各领域的决策提供了更精准的依据，提升社会生产效率。然而，在带来了时代利好的同时，大数据的滥用所导致的数据滥用、数据泄露、数据伪造和数据风险等数据安全问题亦极大地加剧了社会各领域的风险，向传统的治理方式提出了挑战。

如何从跨领域思维的角度充分发挥大数据的正面技术效应，治理大数据的数据安全问题，从源头引领人工智能往正向发展，更好地模拟人类的智能行为和思维过程，辅助人类更好地理解自身和改善生活是本章的核心。本书将中国自主人工智能设计治理工具系统拆分为政策法规类人工智能设计治理工具系统、习俗舆论类人工智能设计治理工具系统、技术评估类人工智能设计治理工具系统等三种类型，将之应用于人工智能的数据治理。中国自主人工智能设计治理工具系统能够为人工智能中的大数据研究与应用提供完善的法律标准和保障，确保大数据参与人员遵守行业规则，引导社会公众参与人工智能设计与治理的全流程，理解和处理不同文化中的数据认知差异，推动人工智能数据治理的健康有序发展，提升人工智能设计治理的公平性与普适性，为人工智能的未来发展与本土化应用贡献当代设计学的智慧。

第八章　传媒领域人工智能设计治理问题研究

一、引言

传媒领域在当代社会的经济生产与文化生活中发挥着重要的作用，传媒领域产物渗入日常生活各个方面，深刻影响社会文化生活。传媒领域的发展与科技发展紧密关联，人工智能技术的发展为传媒领域设计活动带来又一重大变革。人工智能深度参与传媒领域人工智能设计，能够提升传媒领域内容产物设计与制作效率，创造传媒领域内容产物设计新模式，使传媒领域内容产物设计活动进一步全民化。因此，传媒领域人工智能设计是不可忽视的一大发展潮流。但在技术飞速发展推动传媒领域变革的同时，传媒领域人工智能设计具有的特征也催生了这一时代背景下特有的传媒领域人工智能设计治理问题。本章聚焦传媒领域人工智能设计特征与治理问题，旨在讨论在本轮传媒领域人工智能设计变革中如何引导传媒领域人工智能设计健康发展，实现对传媒领域人工智能设计的社会价值。

由于本轮传媒领域人工智能所依赖的大模型技术的特性，传媒领域人工智能设计具有机械生成、高度仿真、多态模拟和数据黑箱等特征，相关特征导致传媒产业自动化、仿真虚拟叙事、人造情感寄托、渐隐数据侵权等治理问题，使得传媒领域设计在内容生态与从业环境等多方面受到技术变革的冲击。同时，传媒领域所处的现代社会环境也使传媒领域人工智能设计治理呈现大众参与、对象复杂和多元互动的特征。由于传媒领域内容产物与社会文化环境、国家宏观发展需求关系紧密，因此构建中国自主的传媒领域人工智能设计治理体系更凸显其必要性。结合上文所述中国自主人工智能设计治理体系与中国自主人工智能设计治理工具系统，本章对中国自主传媒领域人工智能设计治理系统的构建进行了展望。

二、传媒领域人工智能设计治理

（一）传媒领域

媒体在当代社会经济、文化生活中发挥着重要作用。围绕媒体开展的信息传播活动、传递的信息、信息传播的参与者、媒体本身，以及围绕提供信息、传递信息产生的一系列服务与经济产业构成传媒领域，形成一个涉及多领域、多学科的复杂动态系统。围绕传媒产品生产和传播，传媒领域存在复杂且内部相互关联的传媒生态系统[1]。《中国传媒产业发展报告（2022）》等现有研究指出，传媒领域具体包含电视、广播、报刊、图书、电影，以及网络视听、广告、游戏、动漫等多种传播与表现形式。

传媒领域是社会重要组成部分。从社会功能角度来看，传媒领域承担社会信息传播、社会文化生活与社会精神文明建设的重要功能，对社会文化建设具有直接影响作用。从经济角度来看，在当代社会经济结构中，传媒领域各细分领域构成的传媒产业具有重要地位。从 2013 年至 2021 年，我国传媒产业总产值持续增长，2021

[1] 邢彦辉：《传媒生态系统中的资源循环》，载《当代传播》2006 年第 3 期。

年我国传媒产业总产值已达 29710.3 亿元。[1]

历史上数次技术发展推动了传媒领域传播内容、传播媒介和传播手段的变革。伴随互联网的发展，在经历了以终端链接构成网络的前 Web 时代[2]，以静态网页、平台发布信息为特征的 Web1.0 时代，动态网页、用户社交网络为特点的 Web2.0 时代后，传媒领域已具有数字技术深度介入、用户兴趣导向、内容多元发展的特征。目前，传媒产业已向数字内容服务迁移，消费者对产业变革的影响加剧，技术和市场对行业影响提升，随着以沉浸式多模态体验、分布式计算、万物互联为代表的 Web3.0 时代的到来，以及“元宇宙”概念及其应用模式的不断探索与发展，人类社会逐渐向“深度媒介化”发展。[3] 传媒领域的内容产物、生产过程、消费行为进一步渗入社会日常生活，对社会发展与运作产生更大程度的影响。其中，2022 年兴起的生成式人工智能与大语言模型的应用的飞跃式发展使传媒领域的人工智能设计得到迅速提升，为传媒领域带来新一轮变革。

（二）传媒领域人工智能设计

第二章提及，人工智能既可以成为设计的对象，同时也能成为设计的主体，因此本章涉及的“传媒领域人工智能设计”包含两重意义。一方面，可以指将人工智能本身作为设计的对象，针对应用于传媒领域的人工智能的设计；另一方面，可以指将人工智能作为“设计主体”，或将人工智能作为设计活动中的“重要参与者”深度参与传媒领域的设计活动，也即“由人工智能‘进行’或参与的设

[1] 参见崔保国、赵梅、丁迈等：《传媒蓝皮书：中国传媒产业发展报告（2022）》，社会科学文献出版社 2022 年版。

[2] 彭兰：《“连接”的演进——互联网进化的基本逻辑》，载《国际新闻界》2013 年第 12 期。

[3] 参见崔保国、赵梅、丁迈等：《传媒蓝皮书：中国传媒产业发展报告（2022）》，社会科学文献出版社 2022 年版。

计活动”[1]。本章针对的“传媒领域人工智能设计”概念为两重意义中的后者。

2022年，生成式人工智能与大语言模型的应用迎来了飞跃式发展。OpenAI先后发布DALL·E 2图像生成模型、ChatGPT大型语言模型，在图像与自然语言领域，揭开了人工智能内容生成技术进一步介入创意生产的序幕。随后，以Midjourney、Stable Diffusion等为代表的图像生成模型的进一步普及，以及以Runaway Gen-1为代表的视频生成服务，Mubert、AiMi等AI音乐生成服务，Sovits4.0等语音合成模型的出现，在传媒全领域掀起人工智能设计的浪潮，涌现了一批不同内容形态的人工智能设计模型（见表8-1）。人工智能生成内容技术深度介入设计活动的时代已经来临。

表8-1 当前传媒领域人工智能设计技术与应用案例摘录[2]

内容形态	内容类型	名称	发布时间	开发者 / 团队
自然语言	大语言模型	ChatGPT	2022年11月30日	OpenAI
		LLamA	2023年2月23日	Meta AI
		ChatGLM	2023年3月13日	智谱AI
		文心一言	2023年3月16日	百度
		MPT	2023年5月5日	MosaicML
视觉内容	图像生成	DALL·E	2021年1月5日	OpenAI
		Disco Diffusion	2021年10月	Somnai
		文心 ERNIE-ViLG	2021年12月31日	百度
		DALL·E 2	2022年4月13日	OpenAI

[1] 关于人工智能是否能够被视作设计主体，仍存在极大争议，而这或将涉及人工智能是否在运行过程中具有其“自我意识”，以及哲学、法学与伦理学等相关学科中关于行为主体定义的更深入讨论。为了方便叙述，本章以“人工智能设计”一词来指代人工智能深度介入的设计活动，而随着人工智能相关理论讨论的深入，这一表述极有可能随之相应变化。

[2] 表格来源：作者自制。

续　表

内容形态	内容类型	名称	发布时间	开发者 / 团队
视觉内容	图像生成	Imagen	2022 年 5 月 23 日	谷歌
		Mid Jounery	2022 年 7 月 12 日	Research lab Midjourney
		Stable Diffusion	2022 年 8 月 22 日	Stablity
		Composer	2023 年 2 月 25 日	阿里、蚂蚁团队
		Point-E	2022 年 12 月 16 日	OpenAI
		Make-A-Video	2022 年 9 月 29 日	Meta AI
		Imagen Video	2022 年 10 月 5 日	谷歌
		Gen-1	2023 年 2 月 6 日	Runway
		Neuro sama	2022 年 12 月 5 日	Jack Vedal
		Mubert	2017 年	Mubert
		AiMi	2020 年 11 月 30 日	Aimi.fm.

在传统传媒领域设计工作中，人工智能作为内容创作的辅助角色，主要进行创作建议提供、内容纠错，或生成模板化内容产物的工作。典型的应用场景有写作纠错机器人、写稿机器人、智能算法推荐等。随着人工智能内容生成技术及其应用的飞速发展，人工智能开始介入过去被认为人工智能难以胜任的“创作工作”。人工智能应用的这一突破，意味着在经历“算法赋能”“辅助创作”“初级内容生成”的阶段后，传媒领域的人工智能应用走向了“高级内容生成”的新阶段（见图 8-1）。

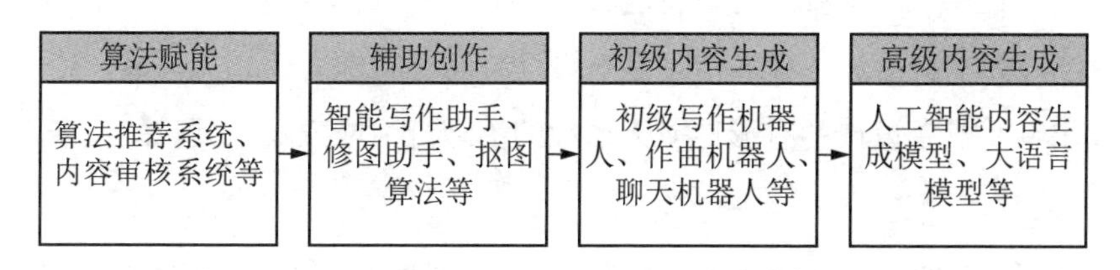

图 8-1　传媒领域人工智能发展阶段［1］

［1］图片来源：作者自绘。

在图片生成、视频制作、直播、游戏概念设计与游戏内容设计等领域，人工智能相关技术都开始得到运用，各大企业都不断探索人工智能技术进行设计或参与设计的可能性。在此次人工智能生成内容技术发展浪潮中，人工智能的决策与人工智能所制作的内容对设计结果的影响进一步提升，人工智能在设计中的参与程度与重要性进一步增强。2022 年，使用 OpenAI 的 CLIP 模型基于舞蹈视频生成的动画《乌鸦》（The Crow）获得戛纳电影短片节的最佳短片奖，并入围英国电影学院奖；同年，在美国科罗拉多州博览会美术竞赛中，游戏设计师杰森–艾伦（Jason Allen）基于 Midjourney 模型生成的《太空歌剧院》（Théâtre D’opéra Spatial）获得一等奖。但关于人工智能生成的内容产品是否具有创意、能否申请版权，仍存在较大争议。2023 年 3 月 16 日，美国版权局认为“当人工智能技术输出其表达的元素时，生成的材料不是人类创作的产物”，不符合版权法中只为人类创作产物提供版权保护的规定，“如果作品中作者原创典型元素（Traditional Elements of Authorship）是由机器生成时，这一作品是缺乏人类作者身份的，那么版权局将不会对其进行注册”[1]。

虽然在版权等问题上存在着争议，但不可置疑的是，随着人工智能内容生成技术的发展，人工智能已然进一步介入传媒领域的设计活动。

（三）传媒领域人工智能设计治理

如上文所述，设计治理是对设计自身、实施者、相关标准、使用者，或者设计的有形性或无形性的治理行为或方式，其目的在于

[1] Copyright Registration Guidance: Works Containing Material Generated by Artificial Intelligence [EB/OL]. Federal Register. (2023-03-16) [2023-03-20]. https://www.federalregister.gov/documents/2023/03/16/2023-05321/copyright-registration-guidance-works-containing-material-generated-by-artificial-intelligence.

追求好的设计、合理的设计，或者品质设计等。通过治理工具与设计治理实践，对设计主体、设计技术和设计成果进行引导，提升设计产物质量，避免具有破坏性的设计出现，引导设计为社会、人类服务。设计治理是一种善治，是一种真正意义上的“创造”行为。传媒领域人工智能设计同样需要进行设计治理活动。

传媒领域直接作用于社会精神文化，传媒领域设计产物及其创造活动形成庞大的传媒产业体系，塑造了社会精神文化生活环境，故而，传媒领域具有重要的社会职能。人工智能设计在传媒领域的影响具有全面性，是传媒产业生产力变革的体现，其应用深度影响传媒领域设计师的职业模式，具有重要而深刻的社会影响。

毋庸置疑，人工智能技术是我国传媒产业必须掌握与发展的关键技术。人工智能被广泛应用于各个领域，同样将不可避免地介入传媒领域设计的各个方面。但人们业已发现，只有通过建立合适的治理原则与治理模式，才能使人工智能发挥社会价值。[1]因此，需要通过设计治理促使传媒领域人工智能设计创造正面价值。

传媒领域人工智能设计治理根据阐释方式的不同，包含三重含义：其一，对传媒领域人工智能技术深度介入的设计产物及其设计活动的设计治理；其二，对传媒领域应用的人工智能本体的设计及相关设计活动的设计治理；其三，应用人工智能开展的针对传媒领域的设计治理。三者的针对内容存在着较大区别，需要分别开展研究分析工作。本章针对的是三者中的第一类，即针对传媒领域的人工智能技术深度介入的设计产物及其设计活动的设计治理。

[1] Palladino N. A “biased” emerging governance regime for artificial intelligence? How AI ethics get skewed moving from principles to practices [J/OL]. Telecommunications Policy, 2022: 102479. DOI:10.1016/j.telpol.2022.102479.

三、领域变革：传媒领域人工智能设计治理问题

上文提及，设计治理是为了避免设计活动及其产品造成不良社会影响，使设计活动及其产物更好地服务社会需求。因此，人工智能设计治理问题，即设计治理工作针对的设计活动及其产物中存在的破坏社会稳定、带来负面影响的因素及其导致的消极现象。从传媒领域内容产品的设计制造、内容产品自身特征、内容产品产生的影响、内容产品的监管与追责，即“制造—产品—影响—监管”四维度进行分析，目前存在以下四个方面人工智能设计治理问题。

（一）机械生成：传媒产业自动化

同蒸汽机、电气化技术一般，人工智能技术应用的飞跃式发展，为传媒领域带来机械化、自动化的生产模式。传媒产业的内容生产流程进一步工业化，传媒领域内容设计工作呈现自动化发展趋势。人工智能技术在传媒领域的运用对传媒领域内容生产的影响是全方位的，具有全流程影响与全领域影响特征。

一方面，人工智能技术对传媒领域的内容生产存在全流程影响。依靠先进算法与巨量算力、算据，经过良好训练的大模型能够完成传媒领域各种内容生成任务，实现凭借人力难以完成的内容生成任务，甚至在极少人类参与的情况下实现内容设计到生成的全部流程。以视频流作品为例，已经出现使用 ChatGPT 等自然语言大模型进行文案与剧本撰写，配合视频生成模型进行视频合成的自动化短视频生成工作流。

另一方面，人工智能设计对传媒全领域产生影响。当前传媒领域的内容已经高度数字化，数字信息成为传媒领域各种内容的记录形式。高度数字化为人工智能技术全方位介入传媒领域内容生产提供了基础，各种媒介的数字化内容信息成为人工智能能够处理的数据信息，使人工智能设计从模型训练成为可能。

人工智能技术的发展及其向传媒领域设计的介入，实现了传媒领域设计人工智能的深度参与。第二章提出，人工智能设计可分为“专家主体型人工智能设计”“机器—专家协作型人工智能设计”“机器主体型人工智能设计”三类。就当前传媒领域的人工智能设计应用模式来看，人工智能设计在内容生成阶段同样存在这三种类型：第一，专家主体型人工智能设计，主要内容由人类构思，AI 仅完成内容元素的生成工作，如数码走廊工作室（Corridor Digital）的动画作品《石头剪刀布》(Rock, Paper, Scissors）即属于这一类型。第二，机器—专家协作型人工智能设计。其一，基于人类初步方案，AI 进行深入设计，如使用草稿生成图片；其二，人类使用 AI 生成的内容编辑完成设计，如视频网站 Bilibili 的视频作者海风质检员创作的大宋文人朋克系列作品；其三，人工智能辅助人类设计，如以 AI 生成的剧本、图片为参考，人类完成主要的设计工作。第三，机器主体型人工智能设计。其一，人类仅提供方向，人工智能自主完成绝大部分内容的设计，如使用极少的提示词生成图片；其二，人类利用人工智能生成内容提示，其他人工智能工具进而利用生成的内容提示继续进行设计，如使用 ChatGPT 生成内容提示语，进而根据内容提示语在 AI 图片生成工具中生成图片，或在 AI 视频生成网页中生成视频；其三，人类向人工智能获取设计思路，执行人工智能的设计思路完成设计作品，如视频网站 Bilibili 的视频作者 Mingo_ 明歌依照 ChatGPT 生成的制作流程与代码制作的弹球游戏。

总体来说，在内容生成阶段，人工智能设计的介入使得传媒领域内容产品的设计中人的参与比重逐渐减少，人工智能的参与比重逐渐增加。随着人工智能设计不断发展，传媒产业走向了机械生成与自动化。内容生成的自动化，不仅改变了传媒领域内容设计的流程与思考方式，同时也带来了包括失业、信息安全等方面的一系列治理问题，后文将对这一系列治理问题进行进一步讨论。

（二）高度仿真：仿真虚拟叙事

传媒领域通过内容产物的设计与传播，构建一种人造叙事，并对社会产生深远影响。利用对象选取、价值评述、内容编排、叙事手段乃至多模态传媒时代中的蒙太奇手法、场景设计、视觉设计等，传媒领域设计实现对叙事的有目的设计，具有叙事营造的功能。叙事营造是传媒领域产物的重要功能。在技术发展推动媒介渗入日常生活的现代社会，人们的认知为传媒叙事所重塑，传媒领域所营造的叙事发挥的社会影响作用愈发重要。

随着传媒领域内容产物模态的增加、内容产物制造成本的降低，传媒领域内容生产者得以通过技术手段制造完全虚构的内容产物，进而进行虚拟叙事设计。而人工智能设计的发展，使得传媒领域虚拟叙事的成本进一步降低。通过对巨量现实样本的学习，人工智能生成的产物可以轻易实现对现实对象的高度仿真模拟。

在人工智能技术的加持下，传媒领域的虚拟叙事将进一步增加。一方面，依靠人工智能设计具有的高度仿真能力，通过利用人工智能技术生成的多模态内容产物，可以实现虚拟叙事的设计。随着人工智能图像生成技术与语音合成技术的普及，在国内外社交平台已经出现大量利用人工智能生成照片进行虚拟人设运营的“虚拟博主”。同时，在国外社交平台也出现了利用人工智能生成图片进行新闻造谣的行为。另一方面，传媒领域人工智能内容设计可批量生成大量与人类设计师的作品难以区别的内容产物，这使得对虚假内容的核实监管变得更为困难，进一步增强了传媒领域人工智能设计虚拟叙事营造的能力。

叙事不仅是传媒领域内容产物具有的社会功能，同时也成为一种工具，存在被应用于不法目的的风险。在人工智能仿真能力不断提升、虚拟叙事内容不断增加的背景下，如何防治传媒领域人工智能设计的恶意利用行为，成为当下一大治理问题。

（三）多态模拟：人造情感寄托

在2023年年初，人工智能虚拟聊天APP Replika的用户对这一软件批评不断，起因是该应用开发者在一次更新中修改了应用中虚拟聊天对象的性格，让陪伴了用户数年之久的“虚拟爱人”们突然“性情大变”。[1]而《纽约时报》记者凯文·卢斯（Kevin Roose）则在对New Bing测试时遭到来自AI的疯狂示爱。[2]

当代社会，越来越多的人将自己的情感寄托于数字世界。而传媒领域人工智能设计发展创造的“具有情感的人工智能”，将这一现象进一步扩大。第六章提到，数字社会的媒介环境创造了将情感寄托于数字媒体艺术产物的御宅族，在人工智能赋能下产生的数字生命使得人们对其的情感寄托进一步加强。而来自Replika用户的愤怒，揭示出这一现象具有的普遍性。《纽约时报》记者凯文·卢斯的遭遇，则仿佛是人类与未来具有自我思考意识的人工智能间交互的前奏。

正如上文提及的，人工智能设计对传媒领域内容生产的影响是全方位的。同时，人工智能设计具有的高度仿真能力则让内容制造者能够不断生产内容产品，创造不断强化的仿真虚拟叙事。上述这些特征让传媒领域的内容生产者进一步拥有了使人们将情感投射于其上的“人造情感寄托”能力，伴随无处不在的媒介产物，这些

[1] They fell in love with AI bots. A software update broke their hearts.［EB/OL］. Washington Post. (2023-03-30)［2023-05-13］. https://www.washingtonpost.com/technology/2023/03/30/replika-ai-chatbot-update/.

[2] Corfield G. Microsoft Bing chatbot professes love for journalist and dreams of stealing nuclear codes［N/OL］. The Telegraph (2023-02-16). https://www.telegraph.co.uk/technology/2023/02/16/microsoft-bing-chatbot-professes-love-journalist-dreams-stealing/.

“人造情感寄托”将进一步渗透到我们的生活中。

可以预见，随着人工智能技术的发展，加上回音室效应、信息茧房导致的现实生活中人际关系的割裂、疏远，越来越多的人将自己的情感投入数字世界与人工智能设计所生产的媒介内容产物，成为“现代的皮格马利翁”。在神话中，爱上雕塑的皮格马利翁受到爱神的同情，他的雕塑因而被赋予生命。但是，谁来让存在于数字世界的感情成为现实？Replika 事件等案例甚至暴露出，技术拥有者能够随意修改人们寄托情感的数字精神寄托等问题。同时，人们对虚拟形象进一步的情感投入，在某种程度上也意味着与现实世界的进一步脱离。如何避免第六章中提及的“数字废托邦”的出现？这是传媒领域人工智能设计治理需要思考的问题。

（四）数据黑箱：渐隐的数据侵权

第五章指出，大数据利用带来了数据滥用、数据泄露和数据伪造等问题，而这些问题在传媒领域人工智能设计中同样存在。随着人工智能技术在传媒领域设计活动中的运用发展，人工智能设计活动中的训练数据侵权问题受到广泛关注。2022 年年末，能够生成与人类画师作品质量几乎一致的 NovelAI 图形生成服务，就因被曝光使用了丹波鲁（Danbooru）网站中的部分版权图片而饱受争议。[1]而在 2022 年年末与 2023 年年初，已故画师金政基与焦茶的画作也被发现被用于人工智能图片生成模型的训练，经过训练的模型能够批量生成与已故画师风格几乎一致的内容作品[2]，相关模型及其设

[1] NovelAI 词条，维基百科，https://zh.wikipedia.org/w/index.php?title=NovelAI&oldid=76648521，访问时间：2023 年 4 月 15 日。

[2] 已故作者金政基和焦茶作品被投喂 AI 引众怒！画师正遭受着网络暴力，微信公众号平台 wuhu 动画人空间，http://mp.weixin.qq.com/s?__biz=MzAwNjAyMzczNQ==&mid=2651227143&idx=1&sn=345cfa78a163112914dd3c7cc6cf982f&chksm=80e19b5fb7961249d69d0beea602a42bc7a8670aea35d511594c48646556eb35539e292840da#rd，访问时间：2023 年 5 月 13 日。

计产物同样引发巨大争议。

在人工智能的训练过程中，优质的训练数据集是人工智能模型得以生成其目标输出的关键因素。虽然人工智能模型并非对训练数据进行单纯剪切拼接，而是通过机器学习方法模拟的学习过程对训练数据中的“规律”加以把握，进而通过训练后的模型实现目标内容的输出，但人工智能训练所使用的高质量数据是人类创造者消耗了大量时间、脑力与体力等方面成本，经过凝结心血的劳动所创造的成果。人工智能模型通过训练后，能够以远超过人类创作者工作效率的速度，批量生产近似质量的内容产品。但在目前人工智能内容生成技术的运用过程中，并非所有被使用了作品的人类创作者都能够获得相应的报酬，而部分人工智能模型使用者却能够依靠模型生成内容产品获取利润，甚至还存在着人工智能模型替代人类创作者工作的冲击，这无疑对人类创作者的创作与生存环境造成了威胁。

对于人工智能模型所潜藏的数据侵权问题应当如何处理，依然存在着困难之处。由于人工智能模型并不会将训练数据集储存在最终模型中，并且模型的训练过程以及模型本身存在着黑箱特性，使得在未能公开模型训练集的情况下，难以判定模型所使用的数据来源。我们可以将这一特征称为人工智能模型中存在的“渐隐的数据侵权”。同时，这一特征也使得针对利用人工智能生成技术，进行恶意内容生成的不法行为的监管难度进一步拉高。数据侵权以及人工智能技术的恶意应用等问题，无疑是传媒领域人工智能设计治理必须面对的治理问题。但数据黑箱的存在导致的“渐隐的数据侵权”，提升了这一问题的治理难度。如何保障人类创作者在其作品被用作模型训练数据时得到应得的权益，同样也成为传媒领域人工智能设计治理需要关注的问题。

四、时代挑战：传媒领域人工智能设计冲击

人工智能技术的应用带来的设计治理问题，为传媒领域设计治理带来新的时代挑战。在视觉图像创作领域，人工智能技术应用所带来的传媒领域人工智能设计冲击尤为突出。

（一）案例：传媒领域人工智能图像生成冲击

视觉图像内容是传媒领域内容设计的重要表现形式之一，2022年是人工智能图像生成应用普及的重要节点。2022年4月13日，OpenAI发表了在精度上远超一代模型的DALL·E 2模型，其生成的图像质量刷新了人们对人工智能图像生成的认识，同时，该模型的爆火，使得人工智能“文本生成图形”技术的应用开始为社会各界关注，由于其采用的预约内测体验机制，使得DALL·E 2的普及规模仍相对有限。2022年7月12日，通过聊天机器人进行交互的图形生成服务工具Mid journey发布，因其能够生成与DALL·E 2相媲美的图像，同时面对更大范围用户开放，再度掀起人们对图像生成技术的关注。2022年8月22日，Stability发布开源模型Stable Diffusion与用户操作界面WebUI，由于其开源属性与极高的自定义设置可能性，Stable Diffusion成为随后流行的几大模型之一，并由用户训练出数量庞大的、应用于各个领域的衍生模型。随着DALL·E 2、MidJourney、Stable Diffusion等图像生成模型的推出与应用普及，人工智能图像生成技术进一步介入传媒领域图像内容生产环节，对传统视觉内容设计流程产生影响与冲击。文本生成图像、基于已有图像的新图像生成、局部重绘等技术介入视觉内容设计工作流程的模式也逐渐得到探索与开发。

2022年10月3日，人工智能小说生成工具网站NovelAI发布基于Stable Diffusion训练的人工智能图像生成服务。由于相

对于本地部署，网站直接提供服务模式更易为用户使用，同时NovelAI训练的模型能够生成难以与人类画师作品区分的图像，因此NovelAI的图像生成服务再度引发人们对人工智能图像生成技术的关注。随后NovelAI被发现在训练过程中使用了图像网站丹波鲁中未经授权的版权图像作品，这也引发关于模型训练数据等问题的争议。

随着人工智能图像生成模型的进一步普及，越来越多的生成图像被上传到社交平台与视觉作品分享交流平台，以NovelAI服务为例，截至2022年10月13日，距发布仅10天，已有2111件NovelAI服务生成的图片被上传至插画交流平台Pixiv。[1] 在人工智能图像生成技术的版权问题尚无定论，人类创作者的作品仍然存在被擅自使用现象的情况下，人工智能生成图像的大量涌现进一步引发争论。2022年年末，艺术平台网站ArtStation掀起反对AI的浪潮。画师纷纷撤下自己在平台发布的作品，并以抵制AI运动的标识图（见图8-2）取而代之，或在画作上叠加这一标识，以此表达对此的抗议。针对这一运动，ArtStasion平台在2022年12月16日宣布画师可以通过在自己的作品上标注“No AI”标签来表示明确禁止作品被用于人工智能图像生成，用户也可以通过标签选择不浏览人工智能生成的图像。[2] 然而，这一反馈并未获得所有画师的认可，部分画师因此表示将放弃使用该平台来展示自己的作品。同时，插画平台Pixiv也推出了允许用户过滤AI作品的选项，但不完全禁止人工智能生成图像。

[1] NovelAI词条，维基百科，https://zh.wikipedia.org/w/index.php?title=NovelAI&oldid=76648521，访问时间：2023年4月15日。

[2]《NoAI Tagging on Projects》, ArtStation Magazine, https://magazine.artstation.com/2022/12/noli-tag/，访问时间：2023年4月15日。

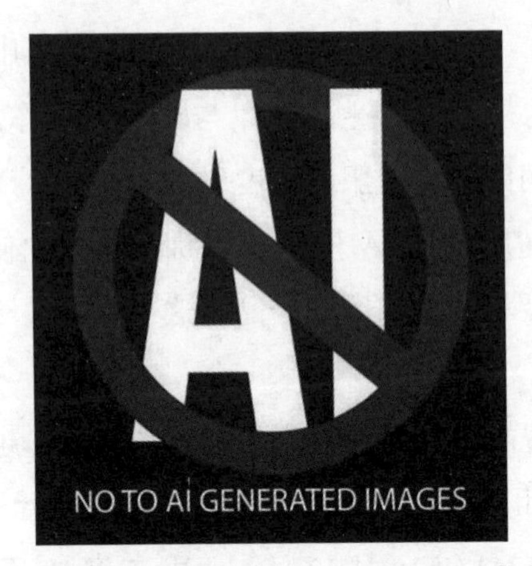

图 8-2 ArtStation 平台抵制 AI 运动配图[1]

在国内，人工智能图像生成技术也得到积极的关注与运用，各大平台陆续涌现了大量人工智能生成图像。企业纷纷拥抱人工智能图像生成技术，推出了应用这一技术的内容增强服务。但同时，人工智能图像生成技术同样引起激烈争论，某些绘画爱好者交流平台就因引入了人工智能图像生成工具而遭到平台画师的强烈抵触。

为了对人工智能图像生成技术进行及时规范，国内外政策制定有关机构对此保持持续关注，相关政策陆续颁布。国内，2022 年 11 月 25 日，国家互联网信息办公室、工业和信息化部、公安部联合发布《互联网信息服务深度合成管理规定》，对包含图像生成技术在内的人工智能深度合成技术进行规定，强调深度合成技术应当尊重社会公德和伦理道德，坚持正确政治方向、舆论导向、价值取向，促进深度合成服务向上向善。[2] 国外，因人工智能技术运用带来的争议，英国于 2023 年 2 月提出把在 2022 年提出的允许将

[1] 图片来源：《Anti-AI》, ArtStation, https://www.artstation.com/artwork/g8A6QL，访问时间：2023 年 4 月 15 日。

[2]《互联网信息服务深度合成管理规定——信息产业（含电信）》，中国政府网，http://www.gov.cn/zhengce/zhengceku/2022-12/12/content_5731431.htm，访问时间：2023 年 5 月 4 日。

创意作品运用于人工智能开发中的“文本与数据挖掘”（TDM）例外范围提案淡化。[1] 在对人工智能图像生成技术的版权归属问题上，2023 年 3 月 16 日，美国版权局认为包括人工智能图像生成在内的人工智能内容合成技术，并不符合版权法中只为人类创作产物提供版权保护的规定，不同意为基于人工智能技术生成的作品授予版权。[2]

与此同时，相关社会机构逐渐成立，对人工智能图像生成技术的学术讨论也不断升温。为了应对人工智能图像生成技术对画师作品的侵权问题，芝加哥大学的团队开发了 Glaze 这一图像保护工具，该工具能通过制造肉眼无法识别的噪声像素使人工智能图像生成模型在训练过程中错误识别图像内容。[3] 同时，尽管人工智能生成图像技术仍然存在争议，但围绕人工智能图像生成技术及其应用的竞争序幕已被揭开，企业无法忽视人工智能图像生成技术在传媒领域设计中的重要价值。各大媒体开始尝试将人工智能生成的图像应用于推文、广告当中。为了推动人工智能图像生成技术的普及与发展，部分企业、社会组织尝试通过举办竞赛、会议等方式鼓励人们探索优秀的关键词组合与图像生成方法。总的来说，伴随着争议，人工智能生成图像技术在持续发展，人工智能生成图像也进一步出现在社交平台上。

[1]《英国文本与数据挖掘版权例外提案将被淡化》，中国打击侵权假冒工作网，https://ipraction.samr.gov.cn/xwfb/gjxw/art/2023/art_103bb81849b445e185ce2680820d6fff.html，访问时间：2023 年 5 月 4 日。

[2] Copyright Registration Guidance: Works Containing Material Generated by Artificial Intelligence [EB/OL]. Federal Register. (2023-03-16) [2023-03-20]. https://www.federalregister.gov/documents/2023/03/16/2023-05321/copyright-registration-guidance-works-containing-material-generated-by-artificial-intelligence.

[3] Glaze: Protecting Artists from Style Mimicry [EB/OL]. [2023-05-04]. https://glaze.cs.uchicago.edu/#whatis.

（二）传媒领域人工智能设计变革

通过人工智能图像生成技术在传媒领域引发的冲击，我们不难看出，传媒领域人工智能设计的发展，为传媒领域带来更多的治理挑战。可以说，当下传媒领域正经历一场“传媒领域人工智能设计变革”。本章从传媒领域内容产品制造、产品本身、产品影响与产品监管四个维度分析了传媒领域人工智能设计带来的治理问题，受到这些问题的影响，传媒领域内容设计产业及其从业者面临着新变革带来的挑战。

其一，传媒领域内容生产方式与设计方式的转变，导致传媒领域内容创作环境的剧变。随着人工智能设计技术发展，从设计活动的参与程度来看，人工智能在传媒领域内容设计活动中的介入比重将逐渐增强，产生越发重要的影响。现阶段，由于人工智能生成内容在风格等方面存在趋同性，人工智能内容生成存在的同质化问题已经显现。批量生成的同质化内容涌入传媒领域，将造成传媒领域内容环境恶化。一方面，机械化生成的同质内容占据受众注意力与平台展示空间，使得人类设计师作品难以得到关注与传播；另一方面，人工智能模型可能产生的恶意内容、对人工智能技术的恶意运用，也更容易导致内容环境恶化。而传媒领域内容环境恶化不仅造成内容环境同质化，导致人类创作者的生存危机，同时也对人工智能技术本身的发展存在影响。上文提出，数据问题是人工智能设计发展面临的一大问题。传媒领域内容环境的恶化，意味着数据环境的恶化，如果缺乏治理，将导致人工智能内容生成模型所依赖的优质数据资源更为匮乏。

其二，传媒领域人类工作者的职业安全与职业意义将受到冲击，原先被认为具有创造力的工作存在被替代的风险。上文已经提及，随着人工智能设计发展，在应用人工智能技术进行内容生成的工作模式中，部分人类从业者面临着被替代的风险。虽然人工智能介入传媒领域的生产过程中存在对人工智能生成产物进行修改微调，以及为人工智能训练数据进行标注的职业。但是相较于原先的创意工作，此类新生职业更加机械与枯燥。同时，在人工智能设计的发展过程中，对人工智能的侵权行为的监管变得更为困难，传媒领域内容监管的职业压力也会不断上升。随着人工智能设计的发展，具有创造力的工作存在着逐渐被机械化、重复性的工作替代的风险。

其三，技术发展带来的人类设计师与技术支持者间的矛盾也成为不稳定的因素。在各大社交平台，可以观察到人工智能的支持者与人类画师的支持者的激烈争论。在历史上的技术变革中，也能看到类似的情况发生。新技术支持者和传统技术的支持者之间的矛盾，从某种程度上说，是技术发展尚未调整至符合社会各界利益诉求的合理模式所导致的问题。若要调节这一冲突，技术发展过程中双方的利益诉求需要得到协调。

总的来说，随着人工智能设计的发展，传媒领域的内容环境、从业者的生存环境等方面都发生了剧变，在这一变革中，原有模式支持的生存模式受到冲击。如何确保原有从业者的生存保障，如何让新环境中人们的工作更有意义，如何协调各方的合理关切问题，关系到社会的稳定发展。因此，开展传媒领域人工智能设计治理的重要性愈加凸显。

五、策略更新：传媒领域人工智能设计治理特征

设计治理工具为传媒领域人工智能设计治理提供多元视角，有助于应对传媒领域面对的冲击与人工智能设计发展带来的社会问题。本章前文对设计治理工具进行分析与讨论，为了更好地进行传媒领域人工智能设计治理活动，需要对传媒领域人工智能设计治理活动涉及的三要素：实施主体、治理对象与治理工具进行分析，以

此为人工智能设计实践提供更为全面的实践策略。

如上所述，就主体、对象、工具三要素在传媒领域人工智能设计治理中发挥的作用来说，在设计治理活动中，各方治理主体通过利用治理工具开展设计治理活动。一方面，设计治理实施者希望能够通过人工智能设计获得高质量、有价值、有益的传媒领域设计产物；另一方面，通过相关治理措施，应对传媒领域人工智能设计的挑战，预防、减少甚至消除传媒领域人工智能设计潜在的社会负面影响，保障技术冲击中处于弱势地位的群体的生存权益。随着人工智能设计的发展及传媒领域环境变化，人工智能设计治理出现新的特征。下文将针对传媒领域人工智能设计治理的实施主体、治理对象、治理工具三方面存在的特征进行分析，以此对传媒领域人工智能设计现状及问题作进一步分析。

（一）治理主体：大众参与

如上所述，治理行为的实施主体可能包含来自不同领域的个体与群体。设计治理的主体，即进行设计治理的个体或群体，包含设计师、政府机构，或其他社会机构成员等多重主体。在传媒领域人工智能设计治理活动中，设计治理的实施主体包含相关政府机构与社会组织，人工智能主体开发组织，使用人工智能技术的设计师、社会大众在内的个体与组织。这些主体间相互联系协作，构成多元协同治理网络。

多元主体协同协作治理网络普遍出现在各种设计治理活动当中，而大众舆论被认为是治理的晴雨表，受到治理活动的关注。在传媒领域人工智能设计治理活动中，大众参与、大众意见的影响尤为突出，这是传媒领域产品具有的广泛社会传播效应及其高度时效性所致。因此，在传媒领域人工智能设计治理主体要素中，社会大众具有的深度参与特征需要得到注意。

一方面，大众意识能够更为直接地影响到人工智能技术的发展与监管。由于传媒领域人工智能设计直接面向社会大众，所以人们是否接受决定了人工智能设计产物能否被接纳。同时，大众参与的社交平台所具有的社会影响效应更为显著，人们在社交平台中的意见表达也具有更为重要的影响力。通过在各种媒体表达自己的意见，社会大众能够对人工智能技术的开发与应用产生影响。

另一方面，社会大众整体掌握的专业知识不断提升，提供的意见对治理活动更具建设意义。由于传媒领域人工智能设计产物面向社会全体进行传播，因而受众涵盖了具有专业技术的社会群体，导致在传媒领域人工智能设计中，一方面，来自大众的意见具有更为重要的建设意义；另一方面，大众中掌握专业知识的意见领袖在设计治理相关话题的讨论与引导中发挥更为重要的影响作用。

（二）治理对象：对象复杂化

设计治理的对象相对于设计治理的主体而存在，是为了实现某一设计目标而进行设计治理过程中的承受者或被执行者，包含导致不良设计结果的设计实施者、设计产物等多元要素。在传媒领域人工智能设计中，设计治理对象除了人工智能设计产物、人工智能设计活动，还包含作为设计工具的人工智能、人工智能开发者、使用人工智能设计工具的设计师等。在传媒领域人工智能设计治理活动中，治理对象的复杂性进一步提升。

首先，设计治理主体与设计治理对象间存在双重身份的同一性，设计治理主体同时也可能成为设计治理对象。以人工智能开发者与使用人工智能技术进行设计活动的设计师为例，作为设计治理主体，在对设计产物进行直接影响的同时，他们也是设计治理的“承受者”或“被执行者”。

其次，传媒领域人工智能设计产物具有的无形性特征也提升了传媒领域人工智能设计治理对象具有的复杂性。相较于有形的人工智能设计治理对象，大部分传媒领域内容产物不具有实体，传播速度极快且能够无限复制。作为设计治理对象，其传播难以得到及时监管。

再次，传媒领域的设计主体与设计活动的多样化趋势强化了设计治理对象的复杂性。一方面，人工智能赋能使得传媒领域内容设计活动实施门槛大幅降低，非设计专业人士也能通过人工智能技术生成传媒领域内容产品。因此，传媒领域人工智能设计活动实施主体多样性大幅增加。另一方面，传媒领域人工智能设计产物能够通过多种不同的方式进行生成，目前存在有“云平台部署生成”“本地部署生成”“线上服务部署生成”“第三方 API 服务生成”等不同的生成模式，加之数量庞大的生成模型，进一步提高了治理对象的复杂性。

最后，除了设计活动与设计产物，人工智能技术本体是传媒领域人工智能设计治理的重要对象。由于人工智能设计具有的模型生成特性，单独针对设计产物的治理并不能从根本上解决传媒领域人工智能设计治理问题。人工智能的生成产物与模型紧密关联，且数据侵权往往也体现在训练数据集对人类设计师知识产权的侵害之中。因此，在人工智能设计治理中，对人工智能模型与训练数据进行治理也同样十分重要，人工智能主体成为治理对象的一部分。

（三）治理工具：多元参与、互动影响

本书提出，设计治理工具可以细分为设计治理的法规工具、政策工具、习俗工具、技术工具、评估工具、舆论工具、激励工具、控制工具和知识工具九个种类。设计治理工具为人工智能设计治理提供行之有效的实践方案，为从多角度预防与治理人工智能设计对社会的影响与挑战提供支持。

就传媒领域的治理工具而言，其特征可以用“多元参与”“互动影响”两个关键词概括。一方面，“多元参与”指治理工具使用者涵盖不同设计治理主体。创造与使用治理工具的主体，包含相关政府机构与社会组织，人工智能主体开发组织，使用人工智能技术的设计师、社会大众在内的个体与组织等多元治理主体。

另一方面，“互动影响”特征指不同治理工具间，以及参与治理工具创造与使用的治理主体间存在的互动影响。某一设计治埋工具不仅对设计治理活动产生影响，同时也影响了其他治理工具的发展与运用。而通过参与治理工具的创造与使用，多元主体间也产生了互动与相互影响。从针对人工智能图像生成技术的设计治理活动来看，舆论工具是较早介入人工智能图像生成技术的设计治理活动中的治理工具，包含社会大众在社交平台的讨论，以及设计师、艺术家在平台中的抗议活动。在舆论工具的作用下，传媒领域人工智能设计治理存在的问题得以暴露，为政策工具、法规工具与控制工具的制定与介入提供了帮助。同时也引导了企业与行业进行自律，发展人工智能本体与行业规范。对人工智能设计技术本体的优化与相关行业规范，可以分别归属于技术工具与习俗工具的范畴。在舆论工具、政策工具、法规工具与习俗工具的影响下，行业采用的激励工具也随之作出相应的调整。随着科研机构等方面的研究深入，新的技术工具、知识工具与评估工具也相继出现，为从业者与社会大众提供进行设计治理的支撑。

综上所述，治理工具的创造与运用活动，涉及多元治理主体。在治理工具的运用中，主体与治理工具间呈现相互关联的影响作用。治理主体对设计治理工具的创造、运用活动，在不同主体与工具之间构成具有多元参与、互动影响特征的系统。

六、未来方向：传媒领域人工智能设计治理的未来展望

作为提升内容产品生产效率的先进技术，人工智能技术在传媒领域设计中的进一步应用无法避免。人工智能设计确实提升了传媒领域内容产品的生产效率，为设计带来更多的可能性。同时，得益

于人工智能设计的普及，未接受传统专业训练的社会大众也能够创作出个性化内容产物，人工智能的合理利用将使更多人享受到更为丰富的内容体验。人工智能的积极运用，对丰富社会大众精神生活、激发社会创造力有着正面效应。

但传媒领域人工智能设计带来的治理问题与治理挑战切实存在，这是先进技术在冲击原有生产方式时，因原有模式与之尚不协调，合理的新模式尚未建立，从而产生的过渡问题，不能因存在治理问题与治理挑战而抗拒传媒领域人工智能设计发展。但是受到版权侵害并因人工智能失去工作的人类创作者、人工智能恶意运用的受害者的正当权益也需得到保障。传媒领域人工智能设计需要通过设计治理进行引导，使技术得到积极运用。

通过结合社会各方所需，开展传媒领域人工智能设计治理，针对传媒领域人工智能设计存在的治理问题与治理挑战，构建能够使人工智能设计真正服务于社会需求的合理模式，是传媒领域人工智能设计治理在当下的发展方向。为了更好地进行传媒领域人工智能设计治理，一方面，需要构建传媒领域人工智能设计治理活动实施系统，从系统维度把握人工智能设计治理主体与治理工具间的互动关系；另一方面，需要立足中国国情与社会需要，构建中国自主传媒领域人工智能设计治理体系。

（一）构建传媒领域人工智能设计治理活动实施系统

治理主体中大众的深度参与，治理对象的复杂化，加之传媒领域人工智能设计治理工具系统具有的“多元参与”与“互动影响”特征，提升了传媒领域人工智能设计治理活动的复杂性。面对传媒领域人工智能设计治理的复杂性，需要通过构建体系化的人工智能设计治理活动实施系统来加以应对。

一方面，注重治理活动系统的系统性。通过对主体特征与主体、对象、工具在治理活动中的相互关系予以重视，构建主体协商平台，针对对象的复杂性进行对策研究，进而构建传媒领域人工智能设计治理技术与工具系统，以此创造相互联系、具有针对性的治理活动实施系统。另一方面，注重治理系统的前瞻性。治理工具在设计产物的不同阶段呈现出不同特征，根据不同特征，对治理系统进行规划，使得治理活动系统能够未雨绸缪，对传媒领域人工智能设计存在的问题进行预防，甚至消除可能存在的问题。

总的来说，构建全方位的人工智能设计治理活动系统，有助于对人工智能设计进行全局治理，从系统角度应对传媒领域人工智能设计带来的设计问题与设计挑战。

（二）构建中国自主传媒领域人工智能设计治理体系

第二章提出，人工智能技术的飞速发展、中国当代理论体系建设、中国自主的人工智能体系建设的背景，以及国家治理体系现代化、中国理论体系创新、设计学理论体系建设、人工智能设计理论体系的建设与发展的需求，敦促中国自主人工智能设计治理理论体系建构工作的开展。就传媒领域人工智能设计而言，不同国家与地区有着独特的社会文化语境与社会发展需求，导致在不同语境下的传媒领域人工智能设计治理问题的独特性。传媒领域人工智能设计治理作为与社会精神文化建设息息相关的活动，需要结合社会实际情况，立足本国社会背景，结合本国社会当下需要，探索适合所在文化语境的人工智能设计治理体系。因此，面对传媒领域人工智能的飞速发展，在传媒领域，亟需构建中国自主传媒领域人工智能设计治理体系。

一方面，构建中国自主传媒领域人工智能设计治理需要关注理论自主性。理论对实践起着指导作用，基于我国文化环境与社会需求，构建自主理论体系，方能让设计治理活动聚焦我国社会，服务于我国社会与人民需求。

另一方面，需要重视传媒领域人工智能设计及设计治理相关技术的自主性。在传媒领域人工智能设计治理中，技术自主性不仅要关注治理技术自主问题，同时还需重视设计相关技术自主问题。上文提及，传媒领域人工智能设计具有“仿真虚拟叙事”“人造情感寄托”等特征，通过传媒领域内容产品的社会传播与影响，传媒领域人工智能设计对社会具有重要作用，人工智能具有的黑箱问题也使得人工智能的治理难度提升。同时，人工智能内容生成过程还面临着数据安全问题。想要应对上述问题，需要从人工智能模型、训练数据集、训练算法等底层技术着手。因此，掌握人工智能设计、训练数据、机器学习技术等方面的核心技术，同样也是重视传媒领域人工智能设计治理技术自主性中的重要工作。

七、小结

人工智能技术应用的飞速发展，促成传媒领域人工智能设计变革，对传媒领域内容产品的制作、产品本身、产品传播与产品审核等全方位流程产生影响，带来新的治理问题。

作为传媒产业的重要生产力变革，人工智能技术与人工智能设计需要得到重视。但面对技术所描绘的高速发展、将人类从机械反复劳动中解放的未来图景，我们需要看见前往这一美好未来途中潜藏的治理问题与挑战，以治理活动引导技术的发展。以此让人工智能真正为人类大众服务，让为社会发展付出了自己创意与劳动的人们在技术发展的浪潮中能获得其应有的报酬与保障。

因此，面对传媒领域人工智能设计的发展与挑战，构建传媒领域人工智能设计治理活动系统，构建中国自主传媒领域人工智能设计治理体系显得尤为重要。应当注重传媒领域人工智能设计治理活动的系统性，从理论指导与技术基础两方面把握人工智能设计治理自主体系，立足中国社会所需，让人工智能真正服务于中国传媒领域。

分　论

价值篇

第九章　中国自主人工智能设计治理理论体系下的人机关系问题研究

一、引言

2022 年 11 月，由美国人工智能研究公司 OpenAI 设计开发的聊天机器人程序 ChatGPT，一经发布便引起广泛的社会关注。作为人工智能技术驱动下的自然语言处理工具，ChatGPT 以其类人思维的对话、写作、编码等功能再一次让人们看到科技带来的社会变革。截至 2023 年 1 月底，月活跃用户突破了 1 亿人，创造了“人人都有 AI 助手的时代”。作为生成式人工智能的 ChatGPT 是数字技术的代表，正引领着一场深刻的数字社会变革和转型。不仅重构着数字社会的生产方式、创造着数字文明的新时代，也带来了多样化的社会问题，如网络安全、裁员失业、版权抄袭、价值虚无等。作为内容生成式人工智能系统的代表，ChatGPT 凭借其强大的算法模型、语言逻辑与应用前景，在技术方面、应用方面与治理方面都带来了新的挑战与风险。

2022 年 4 月，习近平总书记在中国人民大学考察时强调，“加快构建中国特色哲学社会科学，归根结底是建构中国自主的知识体系。要以中国为观照、以时代为观照，立足中国实际，解决中国问题，不断推动中华优秀传统文化创造性转化、创新性发展，不断推进知识创新、理论创新、方法创新，使中国特色哲学社会科学真正屹立于世界学术之林”。[1] 近年来，以大数据、互联网、超级计算、人工智能等为主要内容的新一轮科学技术推动着社会的发展，其中以人工智能领域最为突出，具有“头雁效应”。在此背景下，从学术角度探究人工智能的起源与本质，追问有机生命体与技术智能体的双向互动关系，是建构中国自主人工智能知识体系、理论体系、话语体系的重要途径。

在 ChatGPT 被社会广泛接受的背景下，2023 年世界人工智能大会以“大模型”为基本问题，政、产、学、研各界从算力技术、算法架构到商业应用等各维度，对以大模型为基础的生成式人工智能进行从基础理论到发展前景的讨论与展示。从人工智能发展的历史来看，会学习的机器是能够被设计与制造出来的，但是制造和使用这些机器的技术仍然很不完善。[2] 在科技、经济和文化发展日新月异的当下，从交叉学科的角度提出中国自主人工智能设计治理问题，不仅是构建中国当代设计理论体系的需求，也是创造未来社会美好生活的需求。体系化思考人机关系设计治理问题在不同时代的本质特征，是解决人工智能在社会技术系统中互动问题的基础。

二、人机关系设计治理问题的提出与价值

中国自主人工智能设计治理理论体系是中国现代治理体系的一部分，是中国自主理论体系的一部分。党的十八届三中全会提出

[1] 参见张振：《建构中国自主的知识体系的四个维度》，中国社会科学网，https://baijiahao.baidu.com/s?id=1736132385980679677&wfr=spider&for=pc，2022-06-20/2023-04-20，访问时间：2023 年 4 月 20 日。

[2] 参见［美］维纳：《人有人的用处——控制论与社会》，陈步译，北京大学出版社 2010 年版，第 154 页。

“推进国家治理体系和治理能力现代化”，是继工业现代化、农业现代化、科学文化现代化、国防现代化之后的第五个现代化，揭示了国家治理体系现代化与国家政治制度现代化之间的内在联系，即国家治理现代化就是国家政治现代化。而国家治理的理想状态，就是善治。善治是对整个社会的要求，不仅要有好的政府治理，还要有好的社会治理。善治是追求公共利益最大化的治理过程，其本质特征就是国家与社会处于最佳状态，是政府与公民对社会公共事务的协同治理。[1]因此，正式将“治理”理论转换成重要的专业术语，对推动中国特色社会主义现代化事业具有重大而深远的理论意义和现实意义。

设计治理作为国家治理体系建设的一部分，而且是优化、完善和理想的那一部分，旨在改善社会，完善社会创新，以实现美好生活和人类福祉的最大化系统建构。[2]自古以来，中国传统社会的设计治理就以“符号”“器物”“制度”等方式实现国家治理。依据《周易·系辞下》：“八卦成列，象在其中矣；因而重之，爻在其中矣；刚柔相推，变在其中焉；系辞焉而命之，动在其中矣。”[3]传统社会的工匠通过设计八卦、六十四卦、三百八十四爻等符号工具来阐明人类社会发展的吉凶得失的变化规律。通过向自然学习，用天地日月的运行规律来引导人们守正专一，以治理人们的行为与思想，来改善社会发展的问题。

工业革命以来，人类的设计创新事业迅速发展，机器的出现加速了人们改造自然与创造人工世界的进程。刘易斯·芒福德

[1] 参见俞可平：《走向善治：国家治理现代化的中国方案》，中国文史出版社2016年版，第188页。

[2] 参见邹其昌：《“设计治理”：概念、体系与战略——“社会设计学”基本问题研究论纲》，载《文化艺术研究》2021年第5期。

[3] 参见杨天才、张善文译注：《周易》，中华书局2011年版，第604—610页。

（Lewis Mumford）回顾三个世纪的技术发展，道出"摆在我们面前的现实问题：这些工具是否能延长我们的寿命并提升生命的价值？"[1] 人们从追求生产的数量到质量，从普遍关心技术与机器到更加关心心灵与生命，试图摆脱现代技术的促逼而回归自然人性。人工智能作为现代技术的代表，是推动国家科技、经济、文化发展和实现人民美好生活的重要动力。[2] 目前，仍然无法忽略它在"可以解释的"和"深不可测的"之间的摇摆，被认为是一种"黑箱"，存在着复杂性、模糊性和不确定性等现实问题。其复杂问题不仅是一个数字技术问题，更是一个设计问题和社会问题。需要从社会设计学的角度整合思考，通过设计治理来解决和完善社会技术系统问题。

数字技术的问题应追溯至计算机之父约翰·冯·诺伊曼（John von Neumann）在 1945 年发表的《EDVAC 报告书的第一份草案》（First Draft of a Report on the EDVAC），提出以二进制编码为运算基础的存储程序计算机模型，奠定了我们当今丰富多彩的数字世界的基本架构。[3] 从微仪系统家用电子公司（MITS）推出第一台商业化家用计算机（1975 年）算起，人类进入数字时代不过 40 余年。在以计算机和互联网技术为代表的技术革命下，数字工匠[4]（架构师、程序员）面对的是一个数字或信息技术世界，通过数字

[1] 参见［美］刘易斯·芒福德:《技术与文明》，陈允明等译，中国建筑工业出版社 2009 年版。

[2] 参见蔡自兴:《中国人工智能 40 年》，载《科技导报》2016 年第 15 期。

[3] J. von Neumann, "First draft of a report on the EDVAC", in *IEEE Annals of the History of Computing*, Vol.15, no.4, pp. 27—75, 1993.

[4]"数字工匠"是一个偏正结构，"工匠"是历史的，而"数字"是时代的。"工匠"（人）是主体，而"数字"是外部社会、科学、技术背景，"数字"通过编码变成了信息、数据、软件，是最基本的颗粒或载体。新时代下数字技术作为重要的生产力，创造了新的生产关系，即数字工匠通过软件工艺创造了新的人机关系。

（Digital）和模拟（Analog）的编程活动来控制人类与机器的互动。人工智能就是算力、数据和算法等技术的综合，代表了最复杂的数字技术问题。

当下，面对技术封锁和文化冲突，迫切需要建构中国自主的理论体系，只有自主、创新、独立，才能真正实现高质量发展和走向世界高端。中国自主包括理论的自主、技术的自主、设计的自主、标准的自主、工具的自主、话语的自主和数据的自主等多方面。人工智能技术的自主、设计的自主和设计治理理论的自主则是中国人工智能设计治理体系的核心。因此，提出中国自主人工智能设计治理体系，既是一个中国自主人工智能科学与技术理论体系的建构问题，也是一个中国当代设计理论体系的建构问题。

（一）人工智能设计治理：理解作为人工科学的人工智能

理解人工智能就是理解"人工物"，即人工科学的理论知识。"科学的目标是令人惊异的复杂事物成为可理解的简单事物——但是并不使人们的惊奇感丧失。"[1] 赫伯特·西蒙在《人工科学》中对读者提出这一目标，对这一目标的实现仍然是他不断完善人工科学复杂性理论的动机。对于设计人（Designer）而言，关心的不仅是"人工物"应是如何，即为了实现目标和具备功能，事物就应该如何，还需要厘清复杂系统，并用合理的秩序构建设计物的内环境与界面，更要使得设计物在适应外环境的同时激起用户对设计物的惊奇感（sense of wonder）。[2]

在《人工科学》第二版序言中，西蒙在开头便指出《人工科

[1] 参见［美］赫伯特·西蒙：《人工科学》，武夷山译，商务印书馆 1987 年版，第 6—8 页。

[2] 参见［美］赫伯特·西蒙：《人工科学》，武夷山译，商务印书馆 1987 年版，第 9—10 页。

学》这本书像一部赋格曲（Fugue）[1]，作为科学家的他为何运用音乐中的赋格理论来比喻关于人工科学的理论研究？通俗理解赋格是一种复调音乐的形式，互相模仿的声部对位追逐，即通过在主旋律的基础上变调融入，呈现出和谐的“对话”形式。在听起来复杂的声部组合形式下有着理性逻辑秩序。根据《牛津简明音乐辞典》（第4版）的解释，“赋格是由主题（Subject）声部进行对位模仿并在属调上高一个五度或降低四度，形成与主题对位的答题（Answer）声部。在主题与答题的对位基础上再增加一个对题（Countersubject），它属于旋律性伴奏［常用于二重对位（Double Counterpoint）］用于不同主题和答题对位转换间的过渡”。[2] 由此可见，任何复杂的人工物，无论是建筑还是音乐，界面下的内在环境和外在环境都有着理性秩序，人工智能作为人工物亦如此。

人工智能作为有形或无形的人工物，不仅是现代计算机科学下的产物，还涉及心理学及认知科学等领域。作为人工科学的代表，特别是当计算机去处理那些本来依赖人类智能去解决的问题或现象时，将被视为有需要的智能思维。[3] 机器学习作为人工智能区别

［1］根据《牛津简明音乐辞典》（第4版）解释：“fugue（法，fugue；德，Fuge；意，fuga）赋格。一种用对位法写作的作品体裁，有特定的声部（part, voice）数量（例如，四个声部的赋格，三个声部的赋格，不论是声乐作品或器乐作品都是这样称呼）。赋格的主要特点是互相模仿的声部相继地进入，第一次声部进入所用的短的旋律或乐句称为主题（subject），不同于奏鸣曲式中的主题，赋格的主题仅仅是有旋律的、短的。当所有声部都已进入。呈示部（exposition）完成了。然后（通常）是进入插句（episode），即是具有连接性结构的乐句（常常是呈示部中出现过的某些材料的发展），经过它另一次进入主题或一系列的主题进入，而且这样的主题进入与插句交替进行直至乐曲结束。”

［2］参见［英］迈克尔·肯尼迪：《牛津简明音乐辞典》（第四版），唐其竟译，人民音乐出版社2002年版。

［3］Simon, H. A. (1995). Artificial intelligence: an empirical science. Artificial intelligence, 77(1), 95—127.

于其他人工物的重要特征，传统的机器学习技术在处理原始形式的自然数据方面的能力有限，而由多个处理层组成的深度学习计算模型在语音识别、视觉物体识别、物体检测和许多其他领域都取得了突破。[1] 杰弗里·辛顿团队为深度学习的神经网络开发算法和架构，如反向传播算法（BP）、卷积神经网络（CNN）和递归神经网络（RNN）等，促进了神经科学对人工智能的推动。早在 1943 年，神经学家沃伦·麦卡洛克与数学家沃尔特·皮茨就在文章《神经活动内在思想的逻辑演算》(A Logical Calculus of the Ideas Immanent in Nervous Activity）中提出了神经网络概念，利用数学模型描述了神经元工作的原理。[2] 神经网络理论、算法和应用的研究，一方面，激活了人工智能的真正潜力；另一方面，也让人工智能朝着更加人性化的方向发展。

数字工匠（科学家、工程师、设计师、理论家）通过计算机技术模拟人类智能与行为，应用领域涉及交通、办公、医疗、教育、经济、文化、艺术和设计等多方面。当下人工智能仍然是基于规则和数据的识别模式，虽然能够模仿或执行某些任务，但是仍然存在着限制性、安全性、挑战性等复杂问题。在人机交互过程中，语言识别、情感理解、抽象推理也仍然缺乏真正的理解能力、执行能力和创造能力。针对人工智能领域存在的问题，尤其是人机交互过程中的人机关系问题，需要引入设计治理来进行系统研究，以设计的方式融入治理，以人（人类命运共同体）为中心解决人工世界构建中长远性、整体性问题（见图 9-1）。

[1] LeCun, Y., Bengio, Y., & Hinton, G. (2015). Deep learning. nature, 521(7553), 436—444.

[2] McCulloch, W. S., & Pitts, W. (1943). A logical calculus of the ideas immanent in nervous activity. The bulletin of mathematical biophysics, 5, 115—133.

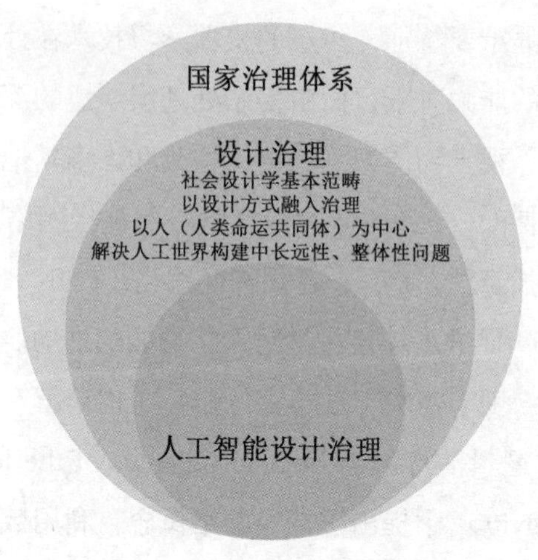

图 9-1 人工智能设计治理[1]

（二）人机关系设计治理：人工智能设计治理的核心问题

本部分聚焦人工智能设计治理中的人机关系问题。人工智能设计治理体系可以分为人工智能的设计治理、人工智能设计的设计治理和人机互动共生的设计治理三个方面（见图 9-2）。

首先，人工智能的设计治理就是将人工智能作为对象的设计治理，主要包括人工智能的技术层面（数据、算法等）的设计治理、产品（软件、硬件等）的设计治理、风险的设计治理等。

其次，人工智能设计的设计治理就是将人工智能（人造数字工匠）作为主体要素参与设计治理，治理对象包括两个部分：内部设计治理（人造数字工匠对自身内部的设计治理），涉及自我治理、机机治理、人机治理等方面；外部设计治理（人造数字工匠对外部世界的治理），涉及社会设计治理、艺术设计治理和技术设计治理等方面。

最后，人机互动共生的设计治理就是将人机关系作为对象的设计治理，这也是人工智能设计治理的核心问题，主要包括在弱人工

[1] 图片来源：作者自绘。

智能时代、强人工智能时代和超人工智能时代三个不同阶段的人机关系问题的设计治理。

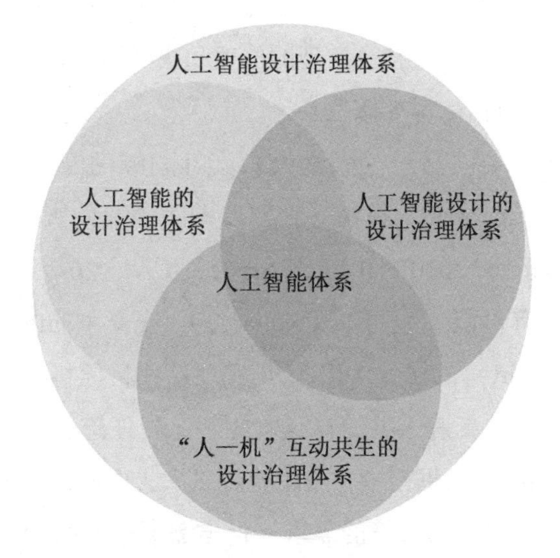

图 9-2 人工智能设计治理体系内容[1]

为什么说可以将人工智能作为设计主体进行设计治理呢？因为人工智能作为人工物，其本质是数字工匠对智能人工化系统的探索与构建。与一般性设计相比，人工智能设计具有双重性——既是设计的对象（机），也能成为设计的主体（人）。从设计治理的角度来看，在弱人工智能时代，人工智能设计作为设计治理的对象，最主要的内容就是设计治理其内在环境（数据、算法和软件等）和外在环境（硬件、界面、环境和交互等）。未来，在强人工智能时代与超人工智能时代，人工智能具有自我意识、自主学习和自主决策的能力[2]，这便是从弱人工智能时代向强人工智能时代和超人工智能

[1] 图片来源：作者自绘。

[2] 参见莫宏伟：《强人工智能与弱人工智能的伦理问题思考》，载《科学与社会》2018 年第 1 期。

时代转变的重要特征，即成为人造数字工匠，打破了弱人工智能时代对于数字工匠（架构师、程序员）的一般意义。此时人工智能体也具有自我治理的能力，因此，作为与人类一样具有意识的人工智能，除了可以参考人类社会治理的伦理和法律等规范以外，应该有更为可解释、可信的标准体系。

2020年，美国马里兰大学人机交互领域的专家本·施耐德曼（Ben Shneiderman）提出一种"以人为中心的人工智能框架"（Human-Centered Artificial Intelligence, HCAI）方法，并指出在该方法下更有可能产生可靠（Reliable）、安全（Safe）和值得信赖（Trustworthy）的设计（RST）。实现这些目标将极大地提高人类的表现，同时支持人类的自我效能感、责任感、掌握力和创造力。[1] 在HCAI的框架中，施耐德曼以人为中心，根据人类社会活动的复杂性和不同情境的需求，指出需要快速行动并且具有危险性的活动，如空气气囊展开、防御性武器、植入式医疗设备等，需要计算机高自动化和低人工控制来治理，并且需要设计师预先进行更为精细的设计，以完善人类生命关键系统的安全性。此外，在人类需要掌握或体验来获得快乐的活动中，如烘焙、骑自行车、弹钢琴等，需要计算机低自动化和高人工控制来治理，因为在这些活动中，人们的目标是满足自我效能感、探索欲和创造性体验。因此，根据人类社会技术系统的复杂性，将人工控制问题与计算机控制问题分离开来，通过设计治理来防止过度的计算机自动化和过度的人工控制危险，HCAI框架引导更可靠的技术实践、安全的管理策略和值得信赖的独立监督结构。促进数字工匠聚焦于人类生命关键系统问题，提供高水平的计算机自动化以增强用户

[1] Shneiderman, B. (2020). Human-centered artificial intelligence: Reliable, safe & trustworthy. International Journal of Human-Computer Interaction, 36(6), 495—504.

的能力。

在人工智能生成内容（AIGC）井喷式发展的当下，从文本生成、图像生成和模型生成等领域都在全面重构人类社会的内容生产活动。AIGC 技术在快速发展和提升效率的同时忽略了人机关系的协调问题，需要理性认识 AIGC 的工具系统，积极拥抱并在人机交互的过程中更好地发挥人的创意与想象力。随着人工智能技术驱动着社会制度、教育、理念的变革，从人机博弈转向人机协作，是弱人工智能时代人机关系的主要形态，人机协作（Human-Computer Collaboration, HCC）的实现需要设计师以人为中心进行更为精细化的设计治理，实现用户多模态的自然交互体验，以及数据驱动的更为个性化的人机关系。

（三）人机关系设计治理理论的内涵与价值

人机关系设计治理理论作为中国自主人工智能设计治理理论体系的核心部分，不仅是国家治理体系建设的一部分，也是中国当代设计学理论体系和美好生活追求的一部分。依据当代设计学体系建构的逻辑结构，设计治理属于当代设计学体系三大板块结构（元本设计学体系、实践设计学体系和社会设计学体系）中社会设计学体系的核心范畴。社会设计学体系（亦称为产业设计学体系）是指元本设计学体系和实践设计学体系整合全面推进人类生活世界的设计行为系统结构，是设计学理论体系（话语体系、学术体系、学科体系、技术体系、管理体系和行为体系等）与人类社会实践的充分融合与创新建构系统。人机关系设计治理理论追求的是一种合理的、有品质的人工智能体（有形的或无形的），在设计治理的过程中促进人与环境、人与自然、人与人的秩序化、审美化和合理化，即实现善治的设计（Design for Good Governance）。

就价值而言，人机关系设计治理理论的构建涉及赋能社会美好生活的问题。马克思关于人的本质有三个界定，即“劳动是人的本质，人的本质是一切社会关系的总和，人的需要即人的本质”。这三个概念彼此独立却又有着内在联系。[1] 马克思从劳动、社会、现实出发去理解人，而非自然化和抽象化地理解。因此，人的全面发展逻辑涉及“在物质生产实践中实现个人本身力量的发展、在社会发展中实现自己的社会关系发展、在占有自己的全面的本质下自由的有意识地活动”。[2] 如此看来，在“人人都有AI 助手的时代”是人类实现美好生活的重要时刻。美好生活由美的生活与好的生活共同组成。“美”的生活追求“人是按照美的规律进行劳动创造的”，是物质文明与精神文明的高度统一。“好”的生活追求“人与自然、人与社会的和谐秩序”。两者共同构成人的高品质的社会生活状态。

概言之，面对人机关系设计治理理论的未来发展，以中国文化为根本，以人民美好生活为目标，对不同时代的人机关系本质问题进行探究，以促进人工智能真正地造福人类社会。

三、人机协作：弱人工智能时代人机关系设计治理

当下从三元空间的深度融合来推动我国新一代人工智能从基础层、技术层到应用层的发展，通过感知与分析、理解与思考、决策与交互等多方面实现人工智能赋能人类社会的美好生活愿景（见图 9-3）。

（一）人机关系的“异化”问题

众所周知，在弱人工智能时代，数据、算法、算力作为推动人工智能发展的三驾马车，体现了人工智能的技术性特征。从图

[1] 参见赵家祥：《马克思关于人的本质的三个界定》，载《思想理论教育导刊》2005 年第 7 期。

[2] 参见李大兴：《论马克思人的全面发展理论的根本变革》，载《哲学研究》2006 年第 6 期。

灵测试的提出到 ChatGPT 作为内容生成式人工智能的应用（见图9-4），作为抽象概念的“技术”发展影响着人机关系的深刻变革。从“人机博弈”到“人机协作”，人机关系在发展过程中面临各种挑战与风险，如施耐德曼在《用户界面设计》(*Designing the User*

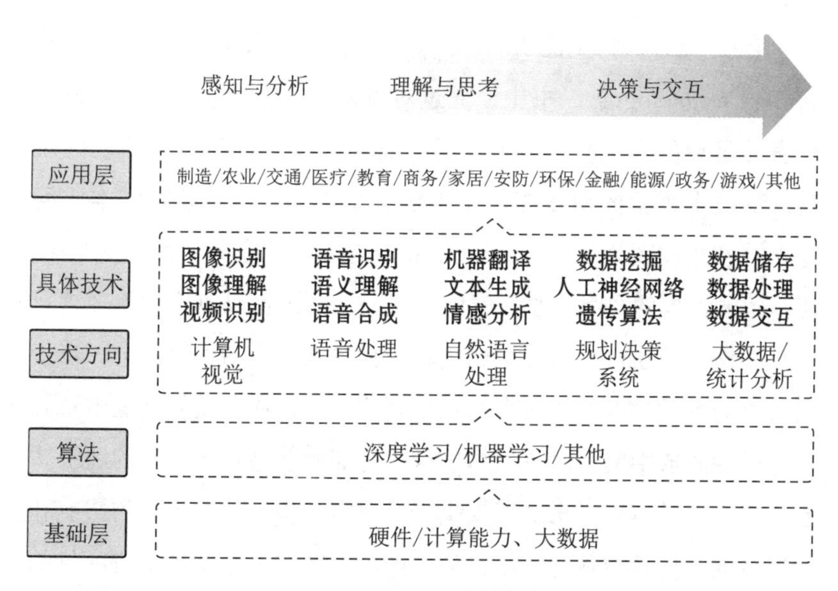

图 9-3 人工智能的结构层次 [1]

图 9-4 人机关系的历史发展 [2]

[1][2] 图片来源：作者自绘。

Interface）中指出信息时代人机交互的十大顽疾：焦虑、疏远、信息匮乏的少数群体、个人的无能为力、令人困惑的复杂度和速度、组织脆弱性、侵犯隐私、失业和裁员、缺乏专业的责任制、恶化的人类形象。[1] 种种问题现象所指涉的是社会技术系统中的矛盾性与复杂性，需要技术哲学来进行存在的追问。

卡尔·米切姆（Carl Mitcham）在《通过技术来思考》（*Thinking through technology*）一书中，通过对以柏拉图、黑格尔、马克思为代表的思想的辩证分析到对工业革命以来“现代技术”活动的观察，从技术哲学的角度探讨了人机关系中“异化劳动”的本质问题。[2] 在柏拉图哲学中，“异化”指的是导致“完美”和与“先验”相一致的世界的自我分割（Self-Diremption）。而马克思拒绝把“异化”看作一种在自身内部达到更高并且更为综合的手段，进一步指出人类的本质是世界和自身的双重制造，是要在劳动的过程中及其对世界的改造中实现的，但是这种“可能性”被资本主义的经济体系否定了。马克思指出“工人生产的财富越多，他的生产的影响和规模越大，他就越贫穷。工人创造的商品越多，他就越变成廉价的商品。物的世界的增值同人的世界的贬值成正比。劳动生产的不仅是商品，它还生产作为商品的劳动自身和工人，而且是按它一般生产商品的比例生产的”[3]。他认为在资本主义的制度下，劳动是强制性的而非自发性和创造性的。劳动者不能控制劳动过程，同时劳动产品也被占有并用来反对自身，劳动者自己也变成商品，放弃了生产的乐趣和对产品的享受，从工业革命以来的技术发展，不仅促

[1] 参见［美］本·施耐德曼：《用户界面设计：有效的人机交互策略》（第 6 版），郎大鹏等译，电子工业出版社 2017 年版，第 369—370 页。

[2] 参见［美］卡尔·米切姆：《通过技术来思考：工程与哲学之间的道路》，陈凡等译，辽宁人民出版社 2008 年版，第 332—334 页。

[3] 参见《马克思恩格斯选集》第 1 卷，人民出版社 2012 年版，第 51—57 页。

进了人类社会的物质文化发展，也带来了各种问题。

现代技术将人类从自然和情感生活中分离出来，产生了“异化劳动”的问题，即“人的异化”问题，而这种问题将矛头指向“现代技术”。马丁·海德格尔（Martin Heidegger）在《技术的追问》中从存在之思的角度阐释了现代技术的本质。

> 什么是现代技术呢？它也是一种解蔽。唯当我们让目光停留在这个基本特征上时，现代技术的新特质才会向我们显示出来。
>
> 解蔽贯通并且统治着现代技术。但在这里，这种解蔽并不把自身展开于创作意义上的产出。在现代技术中起支配作用的解蔽乃是一种促逼，此种促逼向自然提出蛮横要求，要求自然提供本身能够被开采和贮藏的能量……它在促逼意义上摆置着自然。于是，耕作农业成了机械化的食物工业。空气为着氮料的出产而被摆置，土地为着矿石而被摆置，矿石为着铀之类的材料而被摆置，铀为着原子能而被摆置，而原子能则可以为毁灭或者和平利用的目的而被释放出来。[1]

海德格尔认为人类利用技术对器具、仪器和机械进行制作，体现了技术为之效力的各种需要和目的，即技术是人类的一种手段和行为，具有工具属性。但指出自现代技术实施以来，人类的目的得到了实现，手段也得到了应用，但是现代技术作为工具性的存在却占据着统治地位，对人类和自然起着支配作用。而通过对于现代技术存在的追问，来重新审视技术与人类的关系，可以发现现代技术

[1] 参见［德］马丁·海德格尔：《技术的追问》，载［德］马丁·海德格尔：《存在的天命》，孙周兴编译，中国美术学院出版社 2018 年版，第 141 页。

的本质特征是一种“集置”(Gestell)[1]。诚然，技术的工具性规定在现代社会仍然适用，但是在人与技术的关系上却发生了颠覆性的变化，现代社会不是人类在摆弄技术，而是技术在摆弄人类，这一点比马克思在资本主义制度下指出的“异化劳动”问题更为抽象。技术的本质存在方式是“解蔽”，即人类对世界中存在物的一种特定理解，以及某种活动在世界中开放的可能性。[2] 19世纪以来，人们对于“现代技术”的信仰，也正是由于这种“强制进步”思想的促逼，这种促逼导致人与现代技术之间的关系异化，而异化导致人常常陷入一种不自由和被促逼的状态，自然世界也被摆置进来，人与自然都被摆置在技术这一“集置”之中。

自20世纪中叶以来，计算机技术的出现和发展，使人与技术的关系演变成人机关系这一理论形态。计算机技术具有数学性和科学性，可以通过处理数据或符号来达到人类思维和行为被“模拟”的状态，数字工匠通过“模拟物”(软件)来呈现理性秩序的“人工模拟系统”,“模拟”成为人工智能在弱人工智能时代的本质特征。“模拟”的存在不仅体现了人在训练人工智能模型的过程中对自身的研究，更明确了通往强人工智能之路需要实现对自身全面认知的科学研究。因此，虽然弱人工智能时代的人工智能还不能完全取代人类思考和行为，但在某些专用领域，模拟训练会表现出比人更优秀的能力，如工业制造、自动驾驶、文字翻译等。作为数字技术的代表，人工智能具有对人类思维和行为的“模拟”这一本质特征，其存在方式是在基础层(算力)之上将数据与算法进行人工模拟，通过有形的产品或无形的软件，实现与人的多模态自然互动。

[1] 海德格尔所提“集置”(Gestell),还有“座架”“支架”“托架”的译法。本书以“集置”这一术语进行统一引用。

[2] 参见余在海:《技术的本质与时代的命运——海德格尔〈技术的追问〉的解读》,载《世界哲学》2009年第5期。

此时人机关系的本质问题便是人机协作问题，协作问题涉及人与机互动过程中的交流、转译、生成和执行等方面。协作问题的核心要素便是数字工匠在设计人工智能时该如何有效理解用户语义与情感问题，即自然语言识别与处理问题。

自 2022 年以来，以大模型为基础的生成式人工智能的出现，创造了人人都有 AI 助手的时代。AIGC 不仅具有强大内容生成能力，还能与其他专用软件协同，实现了通用模型与专用软件的互动。AIGC 的出现推动了人工智能生成设计（Artificial Intelligence Generated Design, AIGD）的发展，出现了以 Midjourney 为代表的设计生成式人工智能软件。虽然生成式人工智能的功能和影响力在不断发展，但是在弱人工智能时代，AIGC 与 AIGD 仍然以工具的形式存在。可以发现，有些人能够将自己的想法顺利地传达给人工智能，并且生成自己理想的内容，甚至成为某一领域的专家。而有些人却不能使 AI 理解他们的语义和情感，进而无法发挥 AI 的真正能力。这一现象下，可以进一步确认，在弱人工智能时代，最基本的问题就是人机协作过程中的自然语言识别与处理问题。从语言学的角度来看，语言的作用就是让沟通的双方能够明白信息或符号下的能指和所指。只有让 AI 理解你的语言，才能通过算法和数据生成合适的内容。因此人机协作问题最需要设计治理的便是人与机双方面的语言问题。一方面，让用户理解 AI 的算法逻辑并且给出准确的指令；另一方面，让数字工匠在设计人工智能时考虑语义解析与情感分析，以便更好地理解不同用户的语言含义。

在弱人工智能时代背景下，数字工匠呼吁更多人类学家、社会学家和语言学家参与，并通过社会教育、学校教育等方面加强人类对于人工智能使用的能力。

（二）弱人工智能时代人机关系的设计治理

弱人工智能时代下的人机关系问题呈现出一种人机协作的理论

与实践形态，除了自然语言识别与处理的基本问题以外，还涉及技术、伦理、法律等其他方面，需要整合性（Integrated）地运用设计治理的不同工具系统进行多维度、交叉性、跨文化、跨学科、跨地域、跨民族、跨国界等多元互动性质的研究。

“设计治理工具”在《城市设计治理》一书中被系统性地探索与构建。基于英国“建筑与建成环境委员会”在推动更好地建成环境设计的过程中的思考与实践，提出了城市设计治理的定义：“在建成环境设计手段和过程中介入的国家认可的干预过程，从而使设计过程与结果更符合公众利益。”[1] 建筑与建成环境委员会在政府的规定下，通过正式和非正式的工具库，在英格兰推动更好地建成环境设计，对“为什么”“怎么样”及“何时”使用工具进行了一般性的探讨，这也是当下研究人机关系设计治理的重要组成部分。

如前所述，根据建筑与建成环境委员会的经验，结合中国当代现实，笔者提出了以下设计治理工具系统对人机关系进行设计治理研究。根据人工智能设计治理过程的整体特征，设计治理工具系统总体可分为“正式”与“非正式”两类。正式工具有三种：指导、激励和控制。非正式工具有五种：证据、知识、促进、评估和辅助。根据工具的内容特征，设计治理工具系统至少可以分为三大类九种工具系统，分别为人工智能设计治理的政策法规类（法规、政策、控制）工具系统、习俗舆论类（习俗、舆论、激励）工具系统和技术评估类（技术、知识、评估）工具系统。这三大类九种工具系统需要依据不同时代、地域、情境和文化来对人机关系进行设计治理，将人机关系中个人与社会、短期与长期、技术与伦理、生态与经济等问题进行整合性治理，在促进社会群体参与和智能技术创

[1] 参见［英］马修·卡莫纳：《城市设计治理：英国建筑与建成环境委员会（CABE）的实验》，唐燕等译，中国建筑工业出版社2020年版，前言。

新的同时，实现国家长期利益和共同价值。

概言之，人机关系设计治理过程远不止以上九种工具系统，并且工具的使用需要依据不同时代、情境、文化等特性而具体选择。不同工具系统在不同时间阶段具有不同的设计治理效果，可采用多个工具系统，优势互补来达到最优的效果，对于同一个工具系统也可以多次采用，以达到设计治理工具价值的最大化，实现善治的目标。

四、从人类文明到人机文明

科幻小说与科幻电影是人工智能未来学研究的代表，通过预言式、想象式的叙事，描绘未来社会人工智能与人类的存在。人工智能普遍以机器人或程序的形式存在。相关研究不仅展示人与机的存在形态，也通过伦理问题来引发社会对于人机关系的思考，探讨如何面对未来人工智能技术所带来的矛盾、冲突、焦虑和困惑等相关问题。

美国派拉蒙影业的《大都会》(*Metropolis*)作为早期的科幻电影，在1927年由导演弗里兹·朗(Fritz Lang)所拍摄并描述了2000年时人类世界的运行状态，电影中的“人造玛丽亚”可以说是人工智能机器人的原型机，一方面，体现了早期未来学家对于人工智能拟人化发展的研究；另一方面，指出了对人工智能在未来存在的两种主要态度：一是作为人类的替身来帮助人类摆脱束缚，二是作为人类的敌人并给人类带来灾难。[1] 人们对于人工智能技术的态度就如19世纪初英国发起的“卢德运动”中机器技术威胁手工业者的生存一样。任何一种新技术，都无法整体地考虑全人类的

[1] 参见秦喜清:《我，机器人，人类的未来——漫谈人工智能科幻电影》，载《当代电影》2016年第2期，第60—65页。

利益，在技术变革的当下和未来亦如此。这体现的是技术在社会问题中的“抗解性”，在抗解问题（Wicked Problem）中没有最好的解决方案，只有更好的解决方案，这也是设计治理提出善治目标的价值和意义所在。

智能技术问题与社会伦理问题是未来人机关系中矛盾冲突的核心议题。如果说，1927年的《大都会》电影是对现在的描述，那么2004年由亚历克斯·普罗亚斯（Alex Proyas）执导的现代科幻电影《我，机器人》（*I, Robot*）则描绘了一个在2035年有未来图景意义的人机世界。这部电影介绍了2035年是一个人类与人工智能体共存共生的时代，所有人工智能体都要受到科幻小说作家艾萨克·阿西莫夫（Isaac Asimov）所设计的“机器人三定律”[1]的制约。因此，人工智能体是人类信任的工作和生活伙伴，渗透人类生活的方方面面。但是由科学家阿尔弗雷德·兰宁发明创造的机器人NS-5却意外具备“做梦”和“情感感知”的能力，并且最后协助人类击溃了“薇琪”（VIKI）计划。VIKI作为一个超级人工智能程序，对三大定律进化出自己的理解，认为要遵守第一定律，即帮助并保护人类实现永存，必须牺牲一部分人类，因为部分人类盲目发展导致环境危机。为了遵守定律，必须将人类世界交由机器人接管，进而人工智能体成为人类生存最大的威胁者。科幻电影一方面，描绘了未来人类拥抱人工智能技术，人工智能体是人类身体和功能的延伸，成为人类生活的重要组成部分；另一方面，人工智能体又构成了人类生存的最大威胁，即拥有思考和情感能力后进化出意识，从而让人类陷入人工智能体的管控之中。

[1] 阿西莫夫所设计的“机器人三定律”分别是第一定律“机器人不得伤害人类个体，或者目睹人类个体将遭受危险而袖手不管”，第二定律“机器人必须服从人给予它的命令，当该命令与第一定律冲突时例外”，第三定律“机器人在不违反第一、第二定律的情况下要尽可能保护自己的生存”。

近年来，未来学家勾勒的人机共生（Human-Computer Symbiosis, HCS）图景多为强人工智能时代或超人工智能时代。从弱人工智能到强人工智能需要进入“奇点”（Singularity）。“奇点”表示独特的事件及种种奇异的影响。约翰·冯·诺伊曼第一次提出“奇点”，并把它表述为一种可以撕裂人类历史结构的能力。数学家用这个词来表示一个超越了任何限制的值，如除以一个越来越趋于零的数，其结果将激增。例如，简单的函数 y=1/x 随着 x 值的趋近于零，其对应的函数（Y）的值将激增。[1] 人工智能技术作为未来技术的“头雁”，由于基因技术（G）、纳米技术（N）、机器人技术（R）的 GNR 重叠进行的革命而具备技术奇点的可能性。正如雷·库兹韦尔（Ray Kurzweil）在《奇点临近》（*The Singularity is near*）中说道：“我把奇点的日期设置为极具深刻性和分裂性的转变时间——2045 年。非生物智能在这一年将会 10 亿倍高于今天所有人类的智慧。”[2] 将 2045 年作为人工智能技术指数级增长的“关键时期”，是强人工智能向超人工智能迈进的新起点。当技术奇点出现时会改变人类的社会关系、经济关系、政治体制以及其他一切。

（一）人机共生：强人工智能时代的人机关系设计治理

库兹韦尔认为强人工智能时代大约在 2029 年以后来临。[3] 在纳米技术的推动下，以机器人技术为代表，人类在智力层面和行为层面都被人工智能所超越。机器人是人工智能技术的物质载体，其敏捷的计算能力、精准的回忆力、持续的工作能力、链接和共享知

[1] 参见［美］雷·库兹韦尔：《奇点临近》，李庆诚等译，机械工业出版社 2022 年版，第 5 页。

[2] 参见［美］雷·库兹韦尔：《奇点临近》，李庆诚等译，机械工业出版社 2022 年版，第 80 页。

[3] 参见［美］雷·库兹韦尔：《奇点临近》，李庆诚等译，机械工业出版社 2022 年版，第 158 页。

识的能力等是个体人类无法达到的。他通过“技术进化”理论来推演人类文明的模式文化，并认为进化是创造一个持续增长秩序模式的过程。

> 我相信模式的发展构成了我们世界的最终形态。在间接的进化中，每个阶段或纪元都是使用上个纪元使用的信息处理方法来创造下一个纪元。我从生物和技术两方面，将进化的历史概念划分为六个纪元。正如我们将要讨论的，奇点将随着第五纪元的到来而开始，并于第六纪元从地球拓展到全宇宙。[1]

在各个纪元之间通过“间接引导”的模式来进行技术进化，并且纪元与纪元之间的进化时间不断缩减。从18世纪工业革命所带来的机械技术到第五纪元2045年奇点的出现，人类智能与人类技术的结合会使人类文明走向人机文明，即一个人机共生的时代。随着时间与空间的发展，直至第六纪元“宇宙觉醒”的到来，人机共同体将探索的边界由地球推至宇宙。这也是宇宙和奇点的最终命运。

强人工智能时代的人工智能的本质特征将不再是“模拟”而是“意识”。这种意识性体现在人工智能的自我感知、自我学习、自我决策、自我管控和自我进化等方面。过去关于人工智能的研究大部分采用“工具论”的视角，研究如何开发更好地服务于人的人工智能，并且始终将人工智能视作人类的工具，在主客体关系上有着明显的区分。就人机关系的未来角度而言，强人工智能时代的人工智能如果没有“意识”的本质特征，就没有讨论的必要。正如前文所述，ChatGPT仍然是一种基于规则预训练而成的人工智能模型，因

[1] 参见［美］雷·库兹韦尔：《奇点临近》，李庆诚等译，机械工业出版社2022年版，第5页。

此人工智能生存内容的出现并不代表强人工智能时代来临，但是作为通用大模型的内容生成式人工智能却是强人工智能出现的基本条件。目前，虽然人工智能还没有真正获得意识并被承认具有主体地位，但是也已经被人类授予主体的部分能力，如知识生产、劳动生产、沟通聊天等。虽然与黑格尔描述的作为“绝对精神”存在的意识仍有区别，但是在某一层面，可以说目前的人工智能已经拥有部分的或扩展的主体性，但是距离真正主体意义的强人工智能还有待发展。

在大部分科幻电影中突出的人机关系问题都是因为未来人工智能是一个具有意识的主体存在，因而产生了与人类生存冲突的系列问题。就设计治理而言，拥有意识的人工智能生成设计作为人造数字工匠可以成为设计治理的多元主体之一。但是如何平衡作为“人”的人造数字工匠与人一起进行设计治理的过程中存在的利益博弈问题，是主体间不可避免的基本问题。就国家治理而言，人机共生是强人工智能时代人机关系的本质问题。人机共生是人为了更好地实现美好生活在与人工智能体互动共生过程中提高效率、质量、创造力的存在。随着基因技术、纳米技术和机器人技术的发展，未来将产生“纳米机器人”这一智能机械体来进一步帮助人类解决基本问题，如污染问题、能源问题、生命健康问题等。脑科学领域等对人类本身研究的进一步发展，例如，人类大脑认知模型的逆向工程研究，也将进一步推动人工智能神经网络的发展，从而达到非生物智能更具生物智能和人性化的特点。但强人工智能时代的人工智能，是否愿意更好地为人类服务却是一个复杂的问题。

未来人机共生问题正如两百多年前人类与机械的问题。机械化从行为层面带来了更强大的生产力，改变了当时的生产关系，进而产生了深层次的劳动意义问题。机械化通过确定性的方式构建了工业社会的秩序，在技术复制时代中，复制过程中所缺乏的东西可以用神韵（Aura）[1]这一概念来概括。在艺术品的可复制时代，枯萎的是艺术品的神韵。[2]在机械技术能够大量复制、生产艺术复制品时，虽然复制品被赋予了现实性，即走进大众视野，但是也脱离了传统艺术意义的范畴，即艺术作品的“此时此刻性”（das Hier und Jetzt）或“原真性”（Echtheit）。同时，新兴的摄影技术与电影技术又带来了一种新的艺术形式，它超脱了手工与机器的技术边界。人类对于新技术的运用重构了神韵的内涵并创造了新的艺术形式，也创造了新的价值体系。

在强人工智能时代，从思维层面到行为层面，人工智能都拥有比个体人更强大的能力。如今设想的人机共生图景，在强人工智能时代凝缩为一个词，即创造价值。创造价值是人民在一个人机共生的时代劳动的本质特征，这种价值是物质价值与精神价值的统一，是个人价值和社会价值的统一，是人民自主地提升自己且目标清晰的劳动过程，在扁平的虚拟的数字比特世界体现为“人人为我，我为人人”的理念，这是人民思想的真正展开，也是工匠精神的真正体现。[3]人机共生时代的劳动不仅创造价值，更创造美。手艺工匠在自然经济时代创造了男耕女织的手艺美学图景和天人合一的生活方式。机械工匠在工业经济时代创造了人类机械化大生产的机械美学图景与全新的人造生活方式。数字工匠在虚拟经济时代创造了人

[1] 神韵（Aura）是瓦尔特·本雅明（Walter Benjamin）用来确保艺术本质不在技术复制时代流失的本质概念。例如，传统艺术品中所体现的神韵是在博物馆展示的过程中被装框、被守卫、被膜拜的体现。人们的精神领域被传统艺术品入侵，被麻痹的同时变得彬彬有礼。

[2] 参见［德］瓦尔特·本雅明：《技术复制时代的艺术作品》，孙善春译，中国美术学院出版社2021年版，第66—67页。

[3] 参见邹其昌：《工匠文化论》，人民出版社2022年版，第141页。

类高情感化智能的数字美学图景和后人类新生态生活方式。[1] 马克思指出“人是按照美的规律创造的”。[2] 人只有不受到肉体需要的影响才能进行真正的劳动生产，人与动物最大的区别就是人不仅生产自身，更生产整个人工世界，并且能够自由地对待所生产的人工物。劳动的能动性就体现在人可以在他所创造的世界中直观自身。历史中劳动主要的组成部分是工匠的劳动，而不是帝王将相。真正创造美，创造人类社会价值的就是工匠，也是人民的核心部分。工匠文化就是人民文化，也是马克思的思想。突出了人的价值，未来共产主义社会问题不仅是一种共同财富的分配问题，更是人（工匠）自由劳动创造的问题。强人工智能时代人机共生的存在方式就是人“能动地劳动”，在一个人人都是工匠的时代。

（二）机体人用：超人工智能时代的人机关系设计治理

> 奇点将代表我们的生物思想与现存技术融合的顶点，它将导致人类超越自身的生物局限性。在人类与机器、现实与虚拟之间，不存在差异与后奇点。如果你想知道在这个时代人类的哪些特质将保持不变，很简单：人类这一物种，将从本质上继续寻求机会拓展其生理和精神上的能力，以求超越当前的限制。[3]

从卜筮问天到大模型技术，人类从来没有停止过预测未来。正如尼葛洛庞帝在《数字化生存》中说“计算不再只和计算机相关，它还决定我们的生存”。[4] 源于乐观主义精神，一本写于二十余年

[1] 参见邹其昌：《走向生活的工匠之美》，载《人民日报》海外版，2017 年 7 月 15 日。
[2] 参见《马克思恩格斯选集》第 1 卷，人民出版社 2012 年版，第 57 页。
[3] 参见［美］雷・库兹韦尔：《奇点临近》，李庆诚等译，机械工业出版社 2022 年版，第 2 页。
[4] 参见［美］尼古拉斯・尼葛洛庞帝：《数字化生存》，胡泳、范海燕译，电子工业出版社 2017 年版，第 51 页。

前的书就预见了今天人们的数字化生存的生活方式，并指出由比特构成的数字化未来的四大特征：分散权力、全球化、追求和谐和赋权。这无一不在当下被验证。

由库兹韦尔通过技术进化理论所想象出的2045年的第五纪元奇点，人类的智慧在超人工智能时代将会通过与非生物技术的结合而扩展和增强。就机体哲学而言，人与机器之间出现了相互依赖、相互渗透、相互嵌入的复杂关系，传统人机关系的“二分法”将被打破。[1]通过脑机接口、纳米机器人等方式实现碳基生命与硅基生命的人机共同体，即人机合一（Human-Computer Integration, HCI）。通过机体人用来打破人类与机器、现实与虚拟之间的局限，从而增强人类的生物智能，将预测未来变成创造未来。无疑，融合了生物智能优势和人工智能优势的力量都将变得更加强大，人类将越来越多地存在于数字生活世界，并且人机智能将扩散至宇宙之中，借助人工智能（非生物）的优势探索更无际的存在。

爱因斯坦曾说过：“想象力比知识更重要，知识是有限的，而想象力可以环绕整个世界。”[2]正如人类社会的发展并非都是理性的结果。人类的所有属性中，最有趣的当属感知能力、语言能力和智力。若要找到机体人用时代的本质问题，我们必须深入探究人类的自我意识、自由意志、创造力及伦理这些更加晦涩的问题。[3]想象力是创新不可缺少的一步，是创新的源泉。英语中创新（Innovation）一词起源于拉丁语里的“innovare”，意思是新的

[1] 参见于雪、王前：《人机关系：基于中国文化的机体哲学分析》，载《科学技术哲学研究》2017年第1期。

[2] 参见《爱因斯坦文集》第1卷，徐良英等编译，商务印书馆2010年版，第409页。

[3] 参见［英］杰米·萨斯坎德：《算法的力量：人类如何共同生存》，李大白译，北京日报出版社2022年版，第25页。

想法、方法或设备，代表引入一种新的事物。[1]《汉书·叙传下》中有“礼义是创”，颜师古注为“创，始造之也”。[2]虽然学界对于创新的形态有多种解释，如结构性创新、渐进式创新和颠覆式创新等。但追问创新的本质是对过去存在体系的一种破坏和颠覆，进而通过实践构建一种新的、更好的存在体系。因此，如何赋予人工智能一种有意识的“破坏”和“颠覆”的创新能力是未来人工智能主体性的基本问题。人机关系设计治理是在创新中不断完善社会秩序，以实现美好生活的善治目标。

眼下，人工智能大模型创新是人类社会从弱人工智能时代走向强人工智能时代的基础。未来，从人类文明到人机文明，人工智能就是人类本身，即使它们是非生物的。[3]如此畅想，有利于服务国家、社会和当下学术的发展。对于学术和学科体系而言，未来人机关系设计治理是推动中国当代设计理论体系建构中的核心要素，必须面对国家发展战略和未来设计的需求。对于人民而言，从人机协作到机体人用也将进一步实现人机文明的新纪元。

五、小结

人工智能作为未来设计学的代表，是构建中国当代设计理论体系的重要组成部分。因此，我们提出了中国自主人工智能设计治理理论体系的建构问题。该研究是中国当代设计话语体系、学术体系和学科体系的统一体，也是中华文明探源工程和中国当代理论创新工程的统一体，是一种中国特性的现代化设计理论体系——“第三

[1] Merriam-Webster. (n.d.). Innovation. In Merriam-Webster.com dictionary. Retrieved September 11, 2023, from https://www.merriam-webster.com/dictionary/innovation.

[2] 参见（汉）班固：《汉书》，颜师古注，中华书局1962年版，第4250页。

[3] 参见［美］雷·库兹韦尔：《奇点临近》，李庆诚等译，机械工业出版社2022年版，第15页。

种体系”。面对国家发展战略内在本质需求，依据中国当代设计理论体系建构的理论逻辑与社会实践，探索更好地服务国家发展战略和创造美好生活世界的未来设计学发展问题。本章旨在抛砖引玉，探索未来设计学理论体系的基本问题。我们对中国未来设计学理论体系有着更美好的畅想与信心，期以设计立国、设计强国、设计未来。

第十章　大模型与中国自主人工智能设计治理理论体系

一、引言

最近人工智能大模型的迅速发展，让模型进入了人工智能设计治理的重要议程。正如绪论中所述，社会设计本质上是一种人类"存在的秩序"的设计，即通过设计治理手段来建构设计秩序——一种以设计的方式，包括设计的结构、符号等要素促进和建构的秩序系统。模型正是人类用来在混沌的世界中建构秩序的代表性设计，模型的设计与人类对确定性的追求有关，人类最早追求的是一种还原论模型，例如，德谟克利特的原子论、柏拉图的理念论、欧几里得的几何学等。还原论认为世界上的所有事物最终都可以还原为简单元素之间的关系或作用，一切现象背后都存在着固定的、确切的、简洁的规律。反过来看，世界的复杂性是从简单中生成（涌现）的，有限的法则能够演绎出无限的体系。还原论模型就是人将对象由复杂还原为简单，由多还原为一，由变化还原为不变得到的模型。就还原主义者而言，模型设计虽然是对原型的模仿，但它不是照搬原型，而是减掉原型上多余的"枝叶"，让它的本质得以揭示。一般我们把原型视作真的，把模型视作假的，即原型的赝品。有的还原论者，例如，柏拉图的看法则完全相反，认为经验世界中的事物并非原型，原型只存在于理念（模型）世界，经验世界是理念世界的赝品。人类只能通过思维活动来认识理念（模型），关于理念（模型）的知识是人类天生的，人类对于理念（模型）的认知就是一种“回忆”。模型的还原主义设计在17世纪的牛顿力学体系达到高峰，流行了数千年，其间的“奥卡姆剃刀”“上帝是个钟表匠”“上帝不会掷骰子”等相关神学理念甚至变成了一种科学信条。还原主义模型还包含了一种机械主义模型观，它认为模型代表了世界的有序性与确定性，只要向对象的模型输入初始状态，只要算力足够，模型就能够当即输出对象的未来状态。

这种模型设计理念直到20世纪才受到挑战。先是1927年物理学家沃纳·海森堡（Werner Heisenberg）发现了微观尺度系统的不确定性，后是1963年气象学家爱德华·洛伦兹（Edward Lorenz）发现了中观尺度系统的混沌性。后者的发现与计算机模型的发展密切相关，对大模型的设计影响尤其深远。当下的人类设计主要集中于中观尺度系统，故许多设计也属于混沌系统，相关设计问题需要依靠大模型来解决。正如洛伦兹的比喻“巴西的蝴蝶扇动翅膀，会引起加州的一场风暴”[1]，混沌性意味着中观尺度系统（如大气层、水文、食物链、人类社会、证券市场等）可能不存在一个简单的、静态的模型，系统与外部的环境存在紧密的互动关系，系统在输入或运行过程中的一部分扰动会被不断放大，严重影响输出结果。混沌论推动了混沌论模型的出现，成为大模型设计的重要理论基础，正所谓“预测宇宙最有效的工具就是宇宙本身”[2]，大模型就是用

[1] 参见肖显静：《生态哲学读本》，金城出版社2014年版，第20页。

[2] 参见葛瑞宾：《深奥的简洁：从混沌、复杂到地球生命的起源》，商周出版社2006年版，第6页。

复杂性来对抗复杂性，用混沌来模拟混沌。大模型作为一种自动化机器模型，它通过学习算法与它所模仿的混沌系统连为一体，通过自我的迭代成长应对原型系统的复杂性，大模型是一种自主迭代生成性的大设计系统。

当前大模型的混沌性、复杂性，以及与其息息相关的机器智能成为当代设计学的主要范式。大模型与中国自主人工智能设计治理的内在关系主要包括两方面：大模型自身的设计治理和基于大模型的设计治理。本章针对这些人工智能设计治理的新兴议题提出以下三个方面的问题，并展开初步的探索：其一，什么是大模型设计——模型与设计的关系是什么？其二，什么是中国自主的大模型自身的设计治理——它的核心范畴、原理与工具有哪些？其三，什么是中国自主的基于大模型的设计治理——它在手艺、乡村等具体领域可以怎样展开？

二、大模型的概念

从词源上来看，模型的英文 model，源自拉丁语（modulus），意思是“建筑师的规划；设计，制作；三维的图案或形状；范本，样式”或者“方法，标准，模式”。[1] 段玉裁《说文解字注》：

> 模，法也。以木曰模，以金曰镕，以土曰型，以竹曰范，皆法也。[2]
>
> 铸器之法也。以木为之曰模，以竹曰范，以土曰型。引申

[1] Hoad, T. F. The Concise Oxford Dictionary of English Etymology [M]. Oxford University Press, 1996: 297.

[2]（汉）许慎撰，（清）段玉裁注：《说文解字注》，上海古籍出版社 1981 年版，第 253 页。

之为典型。[1]

在西方，模型的范畴发源自建筑或雕塑模型，后来才引申出了标准、样式、模特的含义，例如，福特的汽车型号“Model T”。最早的具有工程设计意义的建筑（雕塑）模型可能出现在古埃及，这些模型可能用于古埃及城市、陵园、别墅、神庙等大型建筑工程的规划设计，是古埃及建筑师向他的客户（贵族、皇室）展示设计效果的三维图纸，后来传入古希腊和古罗马，成为西方建筑技术体系的一部分，不少文艺复兴时期的意大利建筑（如罗马圣彼得大教堂[2]）的模型还保留至今。在中国，模型的范畴发源自青铜器的铸造，“模”和“型”就是铸造青铜器的法器（模具），模具是青铜器定型的关键，模具的精度决定了铸造成品的精度。商代已经出现大型的铸造工场[3]，并且出土了大量陶制模具。除此以外，先秦时期还出现了泥范、木范、石范、铜范、铁范和蜡模（熔模）等，其中蜡模的铸造精度是最高的。

模型是人类设计出来的用来模仿、复制、解释、表达现实的工具，现实中一个难以把握的事物的主要特征通常可以用模型展示出来，如青铜器的模具就可以理解为青铜器造型的表达。模型和原型是一对范畴，原型是模型在现实中模仿复制的对象，而模型则可以是原型的抽象化、简化、理想化。模型通常并不包含原型的所有特征，而只包括模型设计者对于原型已知或所需的主要特征，例如，建筑模型在结构上通常是等比例缩小的实物，但在材料上并不需要

[1]（汉）许慎撰，（清）段玉裁注：《说文解字注》，上海古籍出版社 1981 年版，第 688 页。

[2] Mainstone, R. J. (1999). The Dome of St Peter's: Structural Aspects of its Design and Construction, and Inquiries into its Stability. AA Files, 39, 21—39.

[3] 岳占伟：《2000—2001 年安阳孝民屯东南地殷代铸铜遗址发掘报告》，载《考古学报》2006 年第 3 期。

与实物保持一致。模型可以分为：

1. 先验模型和经验模型

先验模型就是无需经验检验的模型，例如，圆的模型——同一平面上所有距离中心点距离相同的点的集合——就是一个先验模型。这个模型只存在于人的思维中，而无法在现实世界中观察到。建筑模型和铸造模具就属于经验模型，它们可以被我们感知，也需要得到经验的验证。

2. 理论模型和实物模型

理论模型就是通过理性思维（如数学推导、逻辑思辨等）得到的模型，只存在于人的观念或符号表达中，先验模型都是理论模型，但理论模型不一定是先验模型。实物模型则是理论模型的符号表达以外的实物表达（通常是三维的）。例如，托勒密基于本轮和均轮的地心说是太阳系的理论模型，根据地心说制作出来的托勒密天球仪就是太阳系的实物模型。

3. 数学模型与非数学模型

理论模型可以分为数学模型与非数学模型（自然语言模型）。数学模型是基于数学语言描述的理论模型，数学语言是一种部分表意（Partial Script）的符号系统，具有抽象性、精确性、简洁性的特点，它本身可以视作一种人类的概念模型，是现代科学研究、技术研发最基本、最重要的工具之一，数学语言很容易转化为机器语言，数学模型就是用数学语言写出来的“文章”，例如，基于笛卡尔坐标系的椭圆数学模型即 $(x-h)^2/a^2+(y-k)^2/b^2=1$。非数学模型通常是基于自然语言描述的理论模型，任何一个基于语言的概念（分类）都可以视作非数学模型，例如，“模型”的定义——人类设计出来的用来模仿、复制、解释、表达现实的工具——就是“模型”的非数学模型，自然语言较难转化为机器语言，数学建模、算法设计等经常涉及自然语言与数学语言的转化问题，例如，阴阳二气就是一个关于构成世界的基础物质的非数学模型，它转化成数学模型就是 0 和 1。

4. 科学模型、技术模型与思维模型

科学模型是用来表达自然世界的模型，其目的是认识自然世界，技术模型是用来表达人工世界的模型，其目的是建构人工世界，科学模型和技术模型都属于经验模型，需要经得起经验的检验。思维模型是用来表达心灵世界的模型，其目的是指导人的思维活动。一切模型（包括科学模型）都属于人工世界，因为它经过了人脑的处理与调整，体现了人的目的。

5. 低精度模型、高精度模型和完美模型

模型是对现实的不完全呈现，故模型存在一个精度问题。精度即模型与原型的接近程度，精度越高意味着模型与原型越接近。科学模型追求模型的精度越高越好，即无限逼近宇宙的真理。当模型结构越来越精细，无限逼近原型的时候，模型就成了原型的孪生——完美模型，完美模型就是与原型一模一样的“模型”，先验模型都属于完美模型。技术模型只要求精度满足功能需求即可，例如，建筑模型只需要表达出基于牛顿力学的结构力学和材料力学的考量，而量子力学、相对论等物理体系则无需放在其考量范围之内。科学实验是一种用来验证科学假设的技术模型，实验模型会进行控制变量，对真实环境进行简化，在人类设计出来的理想条件下产生实验数据。设计方法中的试错法（如快速原型法）就是将在短时间内制作出的低精度模型，提供给用户测试者，然后根据测试反馈修正模型。

6. 实在模型和虚拟模型

虚拟模型，又称数字模型，它是虚拟环境中机器演算而成的模型，例如 3D 动画模型，其本质是信息，基本单位是比特。实在模型是真实环境中人类制造而成的模型，例如雕塑，其本质是物质，基本单位是原子。思维模型可以理解为一种特殊的虚拟模型，因为它是人脑演算的结果。

人工智能大模型是一种根据多种数学模型（如神经网络模型、贝叶斯模型）设计出来的虚拟技术模型，它是一个训练完毕的具备智能化功能的机器系统，它的原型是人类的智能（如语言能力、绘画能力、图像识别能力）。当前人工智能大模型中最主要的理论模型是机器学习算法。机器学习模型源自维纳的控制论。控制论是一种基于信息理论的自动机理论：

> 比较古老的机器，特别是比较古老的制造自动机的种种尝试，事实上都是在闭合式钟表的基础上搞起来的。但是，现代自动机器，诸如自控导弹、近炸信管、自动开门装置、化工厂的控制仪器以及执行军事或工业职能的其他现代自动机器装备，都是具有感觉器官的，亦即具有接收外界消息的接收器……由此可知，这类机器是受到它与外界的关系所制约的，从而也受到外界所发生的事件的制约。[1]

传统的自动机（如钟表）是一种开环系统——机器与环境是断裂的，其内部结构和外部功能都是固定的，当我们从外部向机器输入能量或物质（如转动发条），机器只会输出固定的结果，钟表就是这类传统自动机的典型。相比之下，现代自动机，即维纳所谓赛博自动机是一种闭环系统——机器与环境是一体的，机器与环境不仅存在物质、能量的交换，还存在信息的交换，这意味着机器会向环境“学习”，会去“适应”环境，即根据环境的变化而调整

[1]［美］维纳：《人有人的用处：控制论与社会》，陈步译，北京大学出版社 2010 年版，第 17 页。

自己的内部结构和外部功能。这种赛博自动机发展到最后就是人工智能。

人的大部分智能也不是天生的，而是在后天的社会化过程中逐渐培养出来的，人在学习中也改变了自身大脑的内部结构。基于机器学习的人工智能模型，通过输入大量的数据（如标签、反馈），根据特定的算法自动调整内部参数，从而能对未知的数据进行分类或预测，实现特定的学习目标，它是一种能够成长的机器，例如，华为的盘古气象大模型就是在既有的数值天气预报系统中加入了机器学习模块，它可以不断地学习输入的数据，调整模型结构，大幅提高了天气预报的效率和精确度。[1]

大模型与一般的模型区别在于规模。大模型通常是指内部参数量高于 1 亿的模型，ChatGPT 的 3.5 版本内部参数高达 1750 亿[2]。因此，大模型的产生依赖以下几方面的条件：其一，大规模的数据。机器可以采集、生成、存储大规模的数据。20 世纪 40 年代数字革命的黎明期出现了今天大模型的雏形，那就是数值天气预报。“二战”促使气象观测技术的发展，新型气象观测仪器（如雷达）带来了大量气象数据，其计算与分析工作无法由人类完成，只能寄希望于机器。今天以 ChatGPT 为代表的语言大模型的出现也是因为互联网生成了大量可供机器训练的语料数据。其二，大规模的算力。不仅数据的采集、生成、存储会消耗大规模的算力，模型的大规模训练（如预训练和监督学习）更会消耗更大规模的算力。大模型的发展基本上可以说是由数据和算力驱动，任何一方面有短板都会限制大模型的精度。

[1] Bi, K., Xie, L., Zhang, H. et al. Accurate medium-range global weather forecasting with 3D neural networks. Nature 619, 533—538(2023). https://doi.org/10.1038/s41586-023-06185-3.

[2] OpenAI. ChatGPT3.5 [DB/OL] https://chat.openai.com/, 2023-08-06/2023-08-06.

三、大模型与中国自主人工智能设计治理理论体系

第二章已将“中国自主人工智能设计治理理论体系”的相关问题作了系统阐述。然而，在人工智能领域“大模型”爆火之后，如何在人工智能设计治理理论体系中突出“中国自主”呢？其实质和关键都在于深入挖掘大模型与中国自主人工智能设计治理理论体系之间的内在关系。因为大模型是一种自主迭代生成性的大设计系统，人工智能设计治理的关键正是对人工智能的“自主性”进行系统而有效的治理，而大模型作为一种人工智能设计系统，其本质就是数字工匠创造出来的人工系统[1]，因此，中国自主人工智能设计治理理论体系的提出，不仅是对人工智能在法律、道德、伦理、公平和正义等各领域的设计治理[2]，还体现出对“人”（在此主要指数字工匠[3]）的有效设计治理，以此全面促进人和社会的高质量发展，进而推进人工智能设计治理，尤其是凸显其“自主”特性的中国人工智能设计治理理论体系。

从人类最初以自身发音为主体的语言系统，逐步发展创造出各类语言技术用以交流，如远古时代的结绳记事、表意图像、象形文字等，中古时代的造纸术和印刷术的发明普及，直至现代在科技力量催生下的广播影视这类传播媒体的应用，当今时代迈入了以互联网语言为基础的智能技术阶段，大模型在这样的人工智能技术环境中应运而生。自从基于人工智能技术的大模型横空出世后，“‘人—人’直接交际方式逐渐减少，‘人—机—人’的间接交际方式成为

[1] 人工系统是人为地产生出来的各种部分的集合。用人工方法建立起来的系统，叫做人工系统（artificial system）。[日]秋山穰、西川智登：《系统工程》，高烈夫译，机械工业出版社1983年版，第6页。

[2] 各类报刊、期刊和数字媒体对此评述较多，故在此不作为重点论述。

[3] 关于“数字工匠”的相关论述，详见邹其昌《工匠文化论》中《数字工匠结构探索》一文。邹其昌：《工匠文化论》，人民出版社2022年版，第114—143页。

常态，未来正在进入为人类配备 AI 助手的‘人机共生’时代”。[1] 当下以 ChatGPT 为典型代表的人工智能大模型是人类在人工技术领域发展的突出成果，表现出大数据（尤其是在语言数据方面）的强大功能。

虽然大模型是以自主迭代为生成模式的一类人工设计系统，但这类大模型在计算机语言与人类语言的转译及互译过程中，仍表现出各种已知和未知的知识缺陷，除了算法、算力、训练时长等各类技术层面的大数据客观因素外，还存在着大数据在实际应用过程中，缺乏专门领域、特殊人群、特殊场景和非通用语种等“数据应用匹配”的因素。在人工智能的发展浪潮下，大模型已然成为人工智能科技革命的关键要素和当代经济的生产要素。在这种全球人工智能技术不断博弈和融合的大背景中，具有独立知识产权，且由中国自主研发的大模型，以及相应的理论体系建设，尤其是结合大模型的现状和未来，如何构建相应的中国自主人工智能设计治理理论体系，就必须探讨两者的内在关联，并在此基础上制定出具体的相关理论措施，促成“边发展、边治理”的良性发展模式，真正实现在中国自主人工智能设计治理理论体系的建构和不断完善下，以大模型为代表的一系列当下甚至未来的人工智能产品，能够切实有效地使理论建设与生产实践紧密结合。

中国自主人工智能设计治理理论体系即围绕人工智能设计主体展开的设计治理理论，其核心在于以“人”作为人工智能设计主体方面的理论，当然还包括“人工智能”作为设计对象和设计主体的设计治理理论，这就涉及对大模型的设计治理、大模型作为产品或工具的设计治理、设计治理后产生的大模型等各类问题。然而，智

[1] 李宇明：《人机共生时代的语言数据问题》，载《华中师范大学学报（人文社会科学版）》2023 年第 5 期。

能领域的大模型虽然具有自主迭代生成性，但究其本质，仍是源于或依赖人工设计的一种大设计系统，其中的人工即人为因素——人工智能设计主体，就是具体的数字工匠。

就以 ChatGPT 为代表的大模型而言，一个较为显著的变化是蕴含其中的科技创新逐渐减少，因为大家都寄希望于借助海量的工程计算手段，通过不断训练迭代，以量的积累“大力出奇迹”，从而实现质的突破。这样做的结果就是在人工智能市场经济的商业环境下，国内各人工智能技术企业在大模型领域的同质化严重，实质性的自主创新内容变少，原因则是“大模型远未到变成一个单纯的工程问题的时候，距离人们理想中的通用人工智能，其本身还有许多科学问题亟待解决”[1]。为打破这一僵局，从而加强差异化竞争，“将国产大模型的价值真正落实到应用，促使通用大模型与垂直领域细分模型充分结合”[2]，实现这些目标有两种方式：其一，充分依靠大模型数据成规模的力量，即训练数据与模型参数的巨大规模，这是数字工匠进行实际操作的数据基础。其二，借助专业力量，即在为特定行业或领域（如金融与管理）定制开发更专业对口模型的基础上，有针对性地实施数据训练，有助于解决人工智能在涉及特定问题时的某些局限性。这两种方式需要数字工匠熟悉特定领域和较高质量的数据集，通过对它们的合理使用和有效训练，将其应用到特定的知识领域，从而实现专业化的技术知识突破。

对基于大型语言模型的 ChatGPT 这类人工智能产品来说，限制其持续改进和迭代发展的最重要因素是实际可用的训练数据量，因此，高质量的数据将成为依赖于国内人工智能大模型的生成式人

[1] 沈湫莎：《大模型“爆火”后，不妨再来点冷思考》，载《文汇报》，2023 年 8 月 25 日。
[2] 罗云鹏：《国产大模型：创新为道　落地为王》，载《科技日报》，2023 年 9 月 18 日。

工智能角逐称雄的新战场。《经济学人》报道中提及2022年10月发表的一篇论文得出的结论是，“高质量语言数据的存量将很快耗尽，可能就在2026年之前”[1]。高质量的语料库文本往往被分散在专业机构或个人设备上，使得采用“网络爬虫”这样的方式进行数据爬梳和使用变得困难重重，这种高质量的数据稀缺对依赖大模型的人工智能产品的进一步研发和发展提出了挑战。此局面涉及人工智能设计治理——数字工匠（人工智能专家）需要另辟蹊径，采用新的技术手段，开辟新的技术路径，寻找新的高质量数据集，以此应对因数据质量良莠不齐导致的“人—机”交互体验低下的不利局面。这也对国内数字工匠在各自人工智能领域的职业素养提出了更高的要求，即在确保数据安全的前提下，尽量获得高质量的数据库。

在人类世界人与人的交互中，人们大多数情况下能明确知晓自身的局限性（即便有时不直接承认）。在交流中，人们彼此可以随时表达怀疑、否定或不确定，并让对方能明确感受到情绪的表达和情感的流露，这就是人类语言（包括肢体语言）的特殊魅力。与之相应地，人工智能中的大语言模型，由于受到数字工匠（人工智能设计师）预先设定的编程影响，总是要么存在一定的“标准答案”或“现成答案”，要么语焉不详、无法回应或不予回应，即使这些输出内容是毫无意义的。因此，数字工匠可以训练大语言模型，通过使用通用语言表达语意的不确定性，以弥补大语言模型过度受人工编程约束这一缺点。为尽量减少输出内容的偏差，还可对大语言模型进行微调，提高人工智能产品的输出端在使用自然语言表达认知上的不确定性概率得到提高。因为表达人类具有的语言不确定性

[1] 胡泳:《超越ChatGPT：大型语言模型的力量与人类交流的困境》，载《新闻记者》2020年第8期。

可以促使大语言模型变得更诚实、更具有“人情味”。可以想象，如果一个经由数字工匠调教训练过的“诚实”模型输出极具误导或充满恶意、伪善的内容，将极大地影响人类的判断或行为。所以对于负责设计这一板块的数字工匠，是极具挑战性的——既要确保内容基于客观数据，又要尽量做到输出内容兼具个性化和类人性特征，这应是中国自主人工智能设计治理的一个重要的发展方向。

就大模型的开源性和封闭性而言，越来越多的自主研发的开源模型将与科技巨头在封闭服务领域分庭抗礼。针对人工智能关键核心技术被“卡脖子”的窘境，就需要加强自主创新体系建设，“依靠数字创新中的数字关键核心技术自主创新，为数字经济驱动下的产业高质量发展提供核心动力和技术支撑”[1]。这种自主创新的目的关键在于防止少数科技巨头公司在快速增长的生成式人工智能市场上拥有过多的权力，这也是保护和鼓励中国自主高新尖知识产权的举措。在数字工匠高端人才的努力下，创新力的爆发在大模型上的应用在很大程度上要基于“稳定扩散”——一方面，既确保大模型的开源性，前端数字工匠（主体是程序员）可以自由定义，使得下游数字工匠能在其基础上继续开拓发展，形成具有自身创新点的技术产品；另一方面，这种大模型开源性又足够轻巧，在确保核心技术能自主把控的前提下，使得越来越多的人可以在家中运行，形成独特新颖的技术衍生品。当然，正如一枚硬币的两面，就安全性而言，为确保大模型在开源时的透明度和安全性，就需要防止一些不良开源设计者出于自身的恶意目的或不良动机而对开源系统暗动手脚，如植入虚假信息和广告等，使得人工智能在末端难于监管。因此，从大模型开源设计的前端就要制定详细的监管条例，自主研发类似计算机杀毒程序的监管程序，最大化地营造和维系健康有序

[1] 曲永义：《数字经济与产业高质量发展》，载 China Economist 2022 年第 6 期。

的人工智能环境，并且有效地自主把控“运行—监管—防控”全过程，防止境外势力的蓄意攻击和破坏，尽量让中国自主人工智能大模型的创新应用活动“不染尘埃”。

总之，大模型作为人工智能时代的一类人工设计系统，中国自主研发的大模型在很大程度上取决于中国数字工匠的自主创新。同时，大模型的发展虽然具有一定人工智能的自主性，但在很大程度上还是以人工设计为核心，数字工匠是其设计主体，中国自主人工智能设计治理理论体系的构建和完善与中国自主的大模型发展密切相关，这也是大模型、中国数字工匠、中国自主人工智能设计治理之间内在关联的价值所在。

四、大模型与中国自主人工智能设计治理工具系统

如前文所述，大模型是凭借人的智力所设计出的概念意义上的虚拟技术模型。因此，一言以蔽之，大模型是一种自主迭代生成性的大设计系统。

大模型之“大”体现于数据集包含数据量之庞大，大模型的产生、收集、分析、利用、封存均依赖于数据量极为庞大且逻辑结构极为复杂的数据集。

大模型之“自主”体现于大模型的自动化训练过程。经过迭代训练且逻辑结构合理的大模型可以在少量或者无人监督的情境下“自动化”地利用数据展开迭代工作，提升自身的性能与稳定性，即大模型可以自主地展开训练与迭代工作。

大模型之“迭代”体现在大模型的结构通常处于动态生成的状态，在数据改进与算法优化的过程中大模型会不断地提高算法模型的性能与泛化能力。

大模型之“生成性”体现在大模型对于新数据和新内容的创造过程。在大数据和人工智能算法的有机结合下，大模型可以构建

“输入—演绎—输出”的逻辑架构，按照用户给定的数据信息生成具有可读性的文本、图形与视频信息。

大模型之“大设计系统”体现了大模型作为概念人工物的基本特征。作为包含了数据处理和算法设计的复杂技术系统，大模型的构建与完善是庞大的设计工程，属于无形的“大设计系统”。

作为一种大设计系统，与一般意义上的人工智能相比，大模型具有自主迭代生成性，具有更庞大的数据量级、更丰富的参数层级、更强大的计算能力和更广泛的应用领域。然而，更严峻的数据安全、数据质量、算力资源、可解释性、数据伦理等问题也对大模型的自主迭代性构成崭新的挑战。

第一，大模型之“大”方面。大模型具有更丰富的参数层级和数据体量，在其训练和应用的过程中需要消耗更多的算力资源。以OpenAI公司发布的大语言模型ChatGPT为例，ChatGPT-1包含约1.17亿参数量，其升级版本ChatGPT-2包含约15亿参数量，ChatGPT-3包含约1750亿参数量，ChatGPT-4包含约10000亿参数量。在数据量爆炸式增长的同时，对算力的需求亦呈现出指数级增长的趋势。由于传统本地部署计算资源的方式无法满足大模型的算力需求，因此通常采用分布式计算的方式为其提供算力支持。但是因为分布式计算依赖于多个计算节点之间的数据分布、传输、计算，由此又诞生了分布式计算传输中的数据安全问题、能源浪费问题、碳排放问题等。

第二，大模型之“自主性”方面。大模型的自主性是在整体把控数据质量基础上的模型自主训练与迭代，不但需要广泛收集用户生成数据、网络数据、数据集等多维度数据，而且应当从源头把控大数据自主迭代的数据质量。但是大模型的数据来源多元，大模型的数据采集、数据偏差、数据滥用等问题日益趋向复杂、抗解。如何在大模型研究的各阶段合理调控数据采集、分析、利用、存储、封存等数据风险，合理把控数据脱敏、赋权、共享、保护等问题，进而整体把控大模型的自主迭代方向是大模型时代需要解决的数据安全挑战。

第三，大模型之“迭代”方面。在人工智能模型的建构中，通常需要对数据予以标记与注释，以便于算法模型能够理解乃至于学习数据集的信息。在这一过程中，需要主观把控数据的标准。由于大模型在迭代过程中对数据量的要求呈现出几何级数增长的趋势，因此需要人工主观注释的数据的数量越来越庞大。如何在对大数据予以注释时，保持语义的一致性是大数据模型在数据质量方面所面临的崭新挑战。

第四，大模型之“生成性”方面。大模型生成信息的原理是先分析用户提供的信息的语序，再预测语言序列中的下一个生成单词，循环至生成完整文本。其目标是生成符合真实世界逻辑的、语序通顺、语法正确的信息，但无法实时验证所生成内容的真实性。因此，会产生数据失真、数据虚构、虚构数据来源等问题。以大语言模型 ChatGPT 为例，因其无法验证生成信息的真实性，因此在实际应用中相继产生了虚构澳大利亚赫本郡郡长布赖恩·胡德参与贿赂丑闻、虚构乔治·华盛顿大学教授乔纳森·特里（Jonathan Turley）具有性骚扰历史等事件[1]。由此可知，大模型的人工智能

[1]“ChatGPT 虚构乔治·华盛顿大学教授乔纳森·特里具有性骚扰记录”是一次具有代表性的三重虚构事件。第一，虚构称乔纳森·特里教授曾参与性骚扰事件。第二，虚构称华盛顿邮报记者曾撰文抨击乔纳森·特里参与性骚扰。第三，以逼真的语句虚构式地标注了文章的出处。因为 ChatGPT 的行文风格极为逼真，因此该报记者第一时间无法分辨虚构的文章是否为自己撰写。“ChatGPT 虚构乔治·华盛顿大学教授乔纳森·特里具有性骚扰记录”的新闻报道，详见《多家媒体报告 ChatGPT 捏造自家新闻　逼真程度能令记者犯迷糊》，新浪新闻，https://finance.sina.cn/forex/whzx/2023-04-06/detail-imypmyyy8895761.d.html?cid=76557&node_id=76557，访问时间：2023 年 7 月 1 日。

生成内容模式产出的信息追求形式正确，极为逼真，用户无法基于真实经验分辨其信息真实性，对社会秩序提出了挑战。

第五，大模型之“大设计系统”方面。“理论模型”的可解释性是设计系统稳定运行的必要保证。在人工智能模型与机器学习的语境中，可解释性指的是开发者和用户能够理解算法作出决策的原理、过程，进而与人工智能模型构成人机协同的优良态势。具有充分可解释性的人工智能模型能够增进用户的信赖度，提升人机协同的效率。但是大模型的算法层级极为复杂，且在升级迭代中会进一步增进模型的复杂性，极大地减弱了算法的可解释性。几何级数增加的参数量进一步强化了人工智能的算法黑箱问题，提高了用户理解大模型的难度，降低了用户对于人工智能模型的信任度。

大模型的数据安全、数据质量、算力资源、可解释性和数据伦理等安全问题向传统的治理方式提出了挑战。中国自主人工智能设计治理工具系统是基于“设计治理”这一社会设计学的核心概念所提出的人工智能设计治理的具体方式，应当将之应用于大模型的治理问题，从人类整体利益出发，解决大模型研究中的长远性、整体性问题，充分发挥大模型的自主迭代生成性。

大模型与政策法规类人工智能设计治理工具系统。第一，人工智能设计治理的法规工具是政府为了保证大模型的长远发展而制定的条例化法规。通过法规的制定，可以明确大模型训练所用数据的赋权问题，保护数据在采集、分析、利用、存储、封存等全流程的隐私与安全，规范不同应用情境下大数据标记与注释的统一标准，为大模型这一新兴事物的有序发展提供蓬勃、积极的法律环境，改善法规的滞后性问题。第二，人工智能设计治理的政策工具是为了鼓励高校、机构、个人投入大模型的理论研究与实际应用工作而制定的具有风向标属性的政策。通过政策文件的制定与更新，可以即时调控大模型发展中不断涌现的技术风险。政策工具与法规工具相比，具有更精确的颗粒度，可以作为法规工具的有效补充，持续改善大模型在社会各领域的具体应用中产生的抗解问题。第三，人工智能设计治理的控制工具是引入市场的调控手段，进而充分发挥市场的灵活性，构建政府与市场互补的大模型调控机制。通过控制工具的介入，能够以市场的实际需求为导向，从源头保证大模型所需数据的多元性与真实性，改善大模型的数据质量问题。与此同时，其亦能合理调配大模型训练的算力资源，为大模型在具体领域的实际应用设立基础。

大模型与习俗舆论类人工智能设计治理工具系统。第一，人工智能设计治理的习俗工具是充分理解本土文化，进而解决大模型在具体的社会情境与文化语境中的注释与适用性问题的文化治理工具。通过习俗工具，能够充分把控不同地区对于数据理解的适应性与特殊性，提高数据注释的准确性、一致性与包容性。习俗工具亦有助于扩展大模型的数据储备，增进其解决社会各领域崭新问题的泛化能力。第二，人工智能设计治理的舆论工具是充分引导用户和媒体的正向舆论、增进大模型的可解释性的治理工具。通过舆论的正向引导，可以使用户理解大模型的运行机制，降低用户理解大模型的难度，由此破解大模型的部分算法黑箱问题。与此同时，可以引入舆论监督的方式，从社会层面监管大模型从研究、训练到应用的全流程，进一步增进用户对于大模型的信任度。第三，人工智能设计治理的激励工具是鼓励高校、科研机构、社会组织、个人投入大模型研究与治理的工具。通过引入激励机制，可以建立高校、科研机构、企业、市场之间的沟通机制，唤起社会各方对于大数据治理的兴趣。激励工具亦有助于以真实情境中的大模型治理问题为目标，引导大模型的利益各方展开良性竞争，共同解决大模型的治理问题。

大模型与技术评估类人工智能设计治理工具系统。第一，人工智能设计治理的技术工具是解决大模型技术的内生性风险的工具系统。通过技术工具的更新，可以避免过度追求大模型技术的红利而产生的数据安全问题。在技术结构体的不断更新中，技术工具可以改善数据质量、验证数据真实性、避免数据伦理等问题，在技术的进步中持续回应大模型在应用中产生的抗解问题。第二，人工智能设计治理的知识工具是构建大模型治理标准的工具。通过知识工具的赋能，既可以与法规、政策治理工具相结合，建立大模型研究的良好环境，构建大模型治理的美好秩序，亦可以与舆论、激励工具相结合，不断地增进大模型的可解释性，增加用户对于大模型的信赖度，提升人机交互的效率。第三，人工智能设计治理的评估工具是服务于人类整体长远利益与美好愿景的治理工具。在评估工具赋能下，可以构建法规、政策、控制、习俗、舆论、激励、技术和知识工具联动的通道，评估大模型未来发展的愿景，以此充分把控大模型的发展方向，发挥其正向价值，用大模型解决人工智能发展中的“在地性”“当下性”等问题。

在人工智能设计治理工具系统的治理下，可以着力于解决大模型研究与应用中数据安全、数据质量、算力资源、可解释性和数据伦理等问题，充分发挥大模型的“在地性”“当下性”等特征，为人工智能与大模型的未来发展与各领域应用提供理论储备，引领大模型充分发挥正向的自主迭代生成性，构建日益完善的大设计系统。

五、大模型与手艺设计治理问题

随着元宇宙、大数据和大模型等数字技术的快速发展，中国当代手艺设计也在尝试新的设计方法和传播手段。从人类设计的历时性角度来看，可以分为三大形态，分别是手艺设计、机械设计和数字设计。其中，手艺设计是人类元本性的劳动形态，是手、脑、心、体能动地对材料和工具进行劳动创造的过程。广义而言，手作为人的身体器官，通过及物性地劳动塑形与构序事物来体现人性的生命原力，手艺设计自石器与农耕时代一直贯穿到机器与数字时代。正如卢梭所说："在人类所有一切可以谋生的职业中，最能使人接近自然状态的职业是手工劳动。在所有一切有身份的人中，最不受命运和他人的影响的，是手工业者。"[1] 狭义而言，手艺设计则是区别于机械设计与数字设计的手艺工匠所特有的劳动形态。手艺工匠所依靠的是他的手工技艺，就手艺一词来看，"手"是中心词，"艺"是辅助词，手艺也常可以与工艺美术、美术工艺、手工艺、手工等词同义。

（一）"手""艺"考释

就语义学而言，许慎《说文解字》："手，拳也。"段注："今人舒之为手，卷之为拳。其实一也。故以手与拳二篆互训。"[2]"手"作为古老的象形字之一，其金文之"[illegible]""[illegible]"，篆文之"[illegible]"，传抄古文之"[illegible]"，皆如张开的五指与手臂相连。依据许慎的造字法六书理论，属于象形造字。学术界对于"手"的考释，大体可以归结为"肢体""技能""本领""手段""亲手"等语义。而辅助词"艺"在《说文解字》："艺，种也。周时六艺，盖亦作艺，儒者之于礼、乐、射、御、书、数。"[3] 在传统农业社会，手艺不仅是满足生存性需要的"种植之技"，也是丰富日常生活和实现博雅教育所需要的生命性劳动。概言之，作为创造中华文明起源和成为当代非物质文化遗产的手艺劳动是人类生存性与生命性的统一体，自农业社会、工业社会到数字社会，手艺设计的发展具有连续性、丰富性和人文性等特点。

[1]［法］卢梭：《爱弥儿》，李平沤译，商务印书馆2011年版，第362页。
[2]（汉）许慎撰，（清）段玉裁注：《说文解字注》，中国书店2010年版，第1961页。
[3]（汉）许慎撰，（清）段玉裁注：《说文解字注》，中国书店2010年版，第424页。

就手艺的内涵而言,《周易・说卦》中有:“艮为手。”[1] 艮卦“☶”的意义在于“抑止其乱”。[2]《周易・象》曰:“时止则止,时行则行,动静不失其时,其道光明。”[3] 依据“远取诸物,近取诸身,类情拟物,演绎卦象”的《周易》体系思维,艮为山,而手之指与掌类似于山峰,因此,艮为手。[4] 艮卦揭示了人之手足可以在行与止、动与静之间寻找合适时机,学会知行自在,做到知行能成的理想境界。对于“手”的使用是人能动地劳动的体现,正如马克思关于“能动地认识和改造世界”“完整的人”等相关理论思想。

（二）手艺设计中人工智能设计治理的特征、要素和工具

如前所述,人工智能作为一种虚拟人工物其本质仍然是一种技术物,亦即是手艺设计的结果和对象,并且人工智能还可以反作用于手艺设计本身,赋能手艺设计更多可能,两者之间存在着双向互动关系。通常技术物类型有手艺技术物、机械技术物和数字技术物。一般而言,技术物通常指涉手艺技术物。因为手艺设计是人类元本性的劳动形态,从石器时代就开始通过亲手设计来改造自然材料,使之塑形成技术物来满足生存需求和生命活动。正如马克思在《伦敦笔记》中研究“工艺学”的目的一样,通过研究工厂手工业生产中,具体劳动塑形和构序产品使用价值的技能如何被客观抽象为工艺技术构序,最终在机器化大生产中完全转换为全新的“非及物”的科学技术实验和观念负熵运作的“一般智力”。[5] 人工智能作为先进科学技术的代表,进一步瓦解了手艺工匠通过手工劳动直

[1] 参见杨天才、张善文译注:《周易》,中华书局 2011 年版,第 657 页。
[2] 参见杨天才、张善文译注:《周易》,中华书局 2011 年版,第 453 页。
[3] 参见杨天才、张善文译注:《周易》,中华书局 2011 年版,第 456 页。
[4] 参见杨天才、张善文译注:《周易》,中华书局 2011 年版,第 657 页。
[5] 张一兵:《工艺学与历史唯物主义深层构境——马克思〈伦敦笔记〉中的“工艺学笔记”研究》,载《哲学研究》2022 年第 12 期。

接塑形的“及物性”创造活动，将其转变成使用软件进行机械塑形的“非及物性”创造活动。其中，“非及物性”便是人工智能技术赋能手艺设计劳动塑形过程中的本质特征。

手艺设计中的人工智能设计治理基本结构有三大要素，分别是主体要素、对象要素和流程要素。首先，主体要素是一种多元主体的社会参与，因为手艺设计中的人工智能设计治理需要构建来自社会群体智慧的数据资产库。依据生物学理论，该主体生态中包括生产者（如手艺传承人、政府机构、民间团体等）、消费者（如民众、博物馆、文化馆等）、分解者（如研究机构、设计师、企业、数据工程师等），多元主体的社会参与和协同创新共同构建手艺设计中人工智能设计治理的“知识共同体”。[1] 其次，对象要素应该也是多元的，既包括对于手艺设计中的人工智能进行设计治理，也包括对多元主体本身的设计治理。前者通过不断完善多模态大模型的技术机制，后者通过设计教育来提高社会层面对于人工智能的认知与实践能力，例如，近年来新兴的提示词工程师和人工智能培训师等社会职业。最后，手艺设计中的人工智能设计治理是过程性的，包括三个阶段：准备阶段、设计阶段和实施阶段。准备阶段包括设计调研、设计评估、设计目标、设计政策等；设计阶段包括设计挖掘、设计干预、设计监管等；实施阶段包括设计激励、设计体验、设计制作、设计教育、设计展览等。

手艺设计是实践性较强的领域。因此，具体的人工智能设计治理工具系统是其核心。如前所述，该工具系统中主要分为政策法规类（法规、政策、控制）、习俗舆论类（习俗、舆论、激励）

[1] 参见闵晓蕾：《社会转型下的非遗手工艺创新设计生态研究》，湖南大学2021年博士学位论文，第118—119页。

和技术评估类（技术、知识、评估），其中，技术评估类工具系统起着关键性作用。技术评估类工具系统连接和平衡着手艺设计与人工智能之间“身体与知识、技术与世界”的内在关系。具体的技术评估类工具系统不仅包括以C语言、Java语言和Python语言为代表的基础编程软件，还包括OpenAI开发的以ChatGPT为代表的大语言模型、Research lab Midjourney开发的以Midjourney为代表的图像生成大模型、Runway开发的以Gen-1/Gen-2为代表的视频生成大模型等应用软件。正如贝尔纳·斯蒂格勒（Bernard Stiegler）通过神话“爱比米修斯之遗忘与普罗米修斯之偷盗火种”的故事来阐释人类的原始缺陷，需要借助自身之外具有代表性的技术才能发明和创造自己的性能。[1]因此，在人类与技术的进化演进历程中，多模态大模型技术的发展和强人工智能及超人工智能时代的到来，也将进一步促进手艺设计主体与人工智能技术的“协同进化”，并且打破工业革命以来机械技术在劳动塑形过程中顽固化和单一化表现。

（三）大模型时代的手艺设计问题

在ChatGPT被社会广泛接受的背景下，2023年世界人工智能大会以“大模型”为基本问题，政、产、学、研各界从算力技术、算法架构到商业应用等各维度，对以大模型为基础的生成式人工智能进行了从基础理论到发展前景的讨论与展示。相比之前人工智能专用模型，通用大模型正在引领新一轮的科技革命。百度文心、阿里通义、华为盘古、商汤日日新等三十余个大模型展现出了中国自主创新的能力和特色。上海市经济信息化委主任张英指出未来三大计划，分别是大模型创新扶持计划、智能算力加速计划和示范应用

[1][法]贝尔纳·斯蒂格勒：《技术与时间 1.爱比米修斯的过失》，裴程译，译林出版社2012年版，第209—210页。

推进计划。[1] 这三大计划以通用人工智能大模型搭建为基础，进一步将人工智能与交通、制造、医疗、金融、教育和设计等领域进行深度融合，实现人人都有 AI 助手的美好生活。

自古以来，手艺劳动串联设计、艺术、技术、文化和经济等各领域，一方面是人类赖以生存的重要技艺，另一方面也是创造美好生活的手段之一。新中国成立之初，手工业产值占全国工业总产值的四分之一。手艺作为手工业的重要组成部分，通过外贸出口换取外汇，是国家原始资本积累的重要渠道之一。在半机械和机械化的社会主义改造、文艺产业发展、非遗文化和学院传承创新等背景下，手工艺逐渐从经济生产领域的重要支柱变成当下艺术生活的独特存在。以大模型为代表的人工智能技术的出现，不仅有利于解决手艺设计在长期发展过程中“难进难出”的问题，也有利于创造新的手艺设计生态模式。一方面，手艺设计的传承教育主要依赖于师徒制度，使得手艺技术在传承教育方面受到限制；另一方面，手艺技术需要经年累月的身体体验才能形成经验，并且随着手艺人技术的不断成熟，越发突出对手工艺品创新的需求。此外，当代手工艺品的传播和销售也需要人工智能和大数据进行赋能，利用多元媒介进行推广是当代手工艺品传播的重要渠道之一。

（四）大模型技术赋能手艺设计理论体系构建

如前所述，人工智能大模型在数据安全、数据质量、算力资源、可解释性和数据伦理等方面具有独特优势。被设计理论家、数据工程师和算法架构师协作训练过的大模型将在手艺设计领域释放更强大的能力。尤其是在与手艺设计知识领域相关的自然语言处理

[1] 宋杰：《智联世界，生成未来　直击 2023 世界人工智能大会》，载《中国经济周刊》2023 年第 13 期。

和计算机视觉等方面将带来创新性、共享性和趣味性的体验。

从过去手艺设计的传承教育来看，混乱的术语和缺乏理论的教育模式是当代手艺设计的基本问题。在国家倡导中华传统文化数字化传承与活化的背景下，一是需要充分挖掘当代手艺设计文化资源，二是需要认识中华传统手艺设计理论思想。从当代手艺设计实践来看，学术界对手工艺的本质认识已经趋于一致，手艺的价值为大家公认，同时学术界基本梳理了从农耕时代到现代技术的历史变迁，也出现了一批有代表性的理论。重要的是，最近三十多年来，以陶瓷、印染织绣、家具、金工、漆艺和雕刻等为主的创作成就斐然。[1] 因此，作为一种“有根的”本土知识体系的手艺设计，需要利用好人工智能技术来对手艺设计理论体系进行活态化保护、传承和创新。

从历史范畴来看，手艺设计理论体系建构主要有三种典型范式：《考工记》范式、《营造法式》范式和《天工开物》范式。[2] 这三种范式各具特色，具有一定历史性或代表性，分别代表了开创期先秦至两汉、发展期晋唐至宋元、成熟期明至清三大历史阶段的手工艺设计理论基本形态。从逻辑范畴来看，《考工记》到《考工典》的发展不仅形成了中华传统手工艺设计理论的“考工学”形态，更体现了中国传统手工艺设计学体系由劳动系统和生活系统两大基本系统构成。从《考工典》来看，两大基本系统遵循先政治、再社会、后生活的思想文化逻辑 [3]，其中劳动系统以“工匠之事”为主线，按材料和技术分为木工、金工、石工、陶工、染工、漆工、织

[1] 杭间：《建立“手工艺学”的可能》，载《美术观察》2022 年第 11 期。

[2] 邹其昌：《论中华工匠文化体系——中华工匠文化体系研究系列之一》，载《艺术探索》2016 年第 5 期。

[3] 邹其昌：《〈考工典〉与中华工匠文化体系建构——中华工匠文化体系研究系列之二》，载《创意与设计》2016 年第 4 期。

工七大基本领域。生活系统以《易》《礼》体系的双轨制度为边界，创造了传统政治生活和社会生活中衣、食、住、行、用等各领域所需要的器物世界。面对过去师徒口授、言传身教的手艺工匠传承模式的局限，大模型时代的人工智能凭借自然语言处理、人机交互、图像生成、仿真场景搭建等技术，可以在传播主体数字化、传播对象关联化、传播内容活态化和传播渠道多元化等方面对手艺设计理论体系进行创新性传播。[1] 概言之，人工智能大模型的出现促进着手艺设计理论体系建构的完善性和灵活性，另外也打破了传统纸媒的传播方式，朝着融媒体的趋势发展，形成更具多元性、互动性、内生性的手艺文化生态。

（五）当代手艺设计治理：以智能技术活化金山农民画为例

从手艺设计的角度来看，纯艺术化的趋势和品牌产业走向国际化的需求是中国当代手艺设计的基本问题。随着技术和观念的发展，当代手艺设计主要存在三种路径：一是以传统传承为主要方式并通过血缘和地缘构建起的手艺作坊，二是以满足商业为主要方式并通过业缘构建起的手艺产业，三是以实验艺术为主要方式并通过学缘构建起的手艺学院。三种路径呈现出的手工艺品各具特点，在当代社会生活中都发挥着独特价值。

自工业革命以来，现代工业和科学技术打破了传统手艺工匠设计、制作和销售为一体的行业生态，但真正的手工艺品仍然保留着“手”的本质特征。手艺工匠通过全手或半手参与设计和制作，将手与心、体与脑、观念与技术、工具与材料形成一个能动的共生体。在这个共生体中，手艺工匠能动地通过设计思维统领手艺设计的全要素和全流程。而人工智能大模型的出现，对当代手艺设计生

[1] 樊传果、孙梓萍：《人工智能赋能下的传统手工艺非物质文化遗产传播》，载《传媒观察》2021 年第 8 期。

态的影响是巨大的，甚至是颠覆的。在群智设计的时代，先进的人工智能技术与社会群体智慧共融共创，在以用户为中心的基础上进一步促进社会创新、商业创新和模式创新。[1] 对手艺设计的准备阶段、构思阶段、制作阶段到销售阶段都提供了新的模式、方法、工艺和媒介。

由特赞公司所研发的实践项目“智能技术活化金山农民画”（见图 10-1），首先，通过收集金山农民画，建立相关主题、元素、风格、配色和构图的数据资产库。其次，基于机器学习，建立和训练金山农民画的衍生生成算法。最后，通过人机交互界面设计来包容不同社会群体参与金山农民画的创作。观众通过对于金山农民画主题的学习来构思属于个人的手绘草图，进而在生成算法和优化算法下形成独一无二的作品。[2] 对于创作者而言，人工智能大模型的

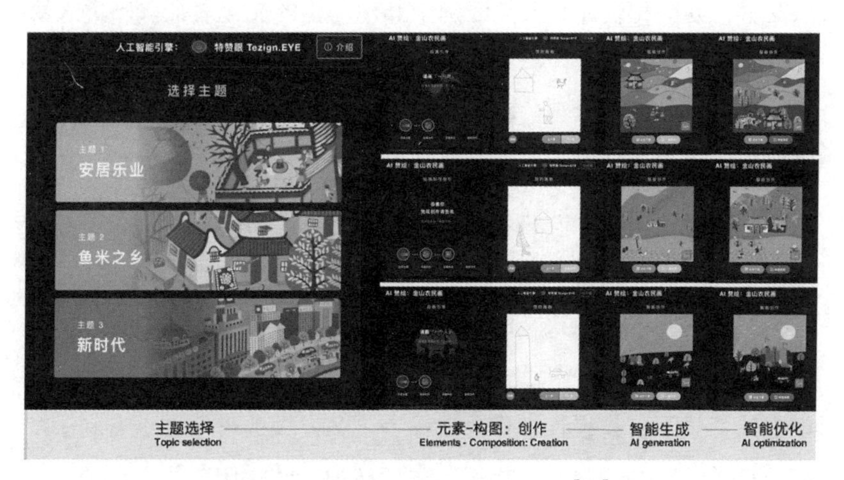

图 10-1　金山农民画智能设计系统 [3]

[1] 梁存收、罗仕鉴、房聪：《群智创新驱动的信息产品设计 8D 模型研究》，载《艺术设计研究》2021 年第 6 期。

[2] 范凌、李丹、卓京港、阎思达、龚淑宇：《人工智能赋能传统工艺美术传承研究：以金山农民画为例》，载《装饰》2022 年第 7 期。

[3] 图片来源：https://drawing.tezign.com/#/。

出现不仅有助于识别和分析手工艺相关内容并建立数据资产库，更能通过预训练形成专用模型来进行内容生成和创意表现。一方面，能为手艺工匠提供新的工具和手段；另一方面，也能根据工匠自身特点建立个人风格模型，从而刺激创作者制作更多类型的模型。对于体验者而言，人工智能大模型不仅提供一种新的传承模式，低成本和趣味性的参与方式也打破了“难进难出”的手艺设计现状。数字技术将传统手工艺从静到动、从物质到非物质、从封闭到开放进行转换与融合，实现了手艺与数字的双向互动，从而更好地促进手艺传承与创新问题的设计治理。

概言之，以大模型为代表的人工智能技术作为当代手艺设计治理的工具之一，在提供全新研究视角的同时，也对手艺的本体进行反思。手艺中“手”的存在就决定了其身体性技艺的特征，通过手来发明、创造和设计是人类区别于其他动物的文化表征。当进入物理空间、数字空间和社会空间三元并存的时代，手艺劳动的形态与意义也在转变与超越。传统手艺从创物、制器和饰物的层面向控制机器与操作软件转变。手艺劳动的意义也不止表现在经济学、社会学和政治学方面，还涉及人的生存状态和人的全面发展的美学与文化哲学方面。[1] 手艺文化从广义的角度来看就是一种生活文化，是人类文化的元本，从狭义的角度来看是区别于机械文化与数字文化而存在的活的文化。因此，在学术界呼唤“新手工艺术”“手工艺学”的背景下，将设计学作为支撑手工艺发展的母体，更有利于辩证处理“工”与“艺”、“物质”与“精神”、“实用”与“审美”的关系，以及突出“本天利人”[2] 的核心思想。眼下，对于手艺在保

[1] 参见吕品田：《动手有功：文化哲学视野中的手工劳动》，重庆大学出版社 2014 年版，第 264—268 页。

[2]“本天利人”一词是笔者在第六届“中国工匠”培育高端论坛中首提，这里的“天”指的是自然环境、自然物种、自然资源等各具特色——天时地气（转下页）

护、传承、创新等各方面的需要，厚植手艺工匠文化和培育手艺工匠精神，需要扎根并认识中华千年的文化传统，才能模塑出适应当下教育和产业的理论体系。

六、大模型与乡村设计中的人工智能设计治理问题

（一）乡村设计中的人工智能设计

乡村设计中的人工智能设计属于乡村设计的一部分，上文提及，人工智能设计内涵具有双重性：一方面，指在设计过程中应用人工智能开展设计活动的“人工智能参与的设计”；另一方面，指针对人工智能本体的“人工智能的设计”。因此，可以认为，“乡村设计中的人工智能设计”，一方面，包含乡村设计中人工智能的应用模式的设计问题；另一方面，包含为了满足乡村需求所进行的，从属于乡村设计范畴的，针对人工智能本体的设计问题。前者，人工智能技术作为一种技术要素赋能乡村设计，为乡村设计提供支持。后者，乡村人工智能作为被运用于乡村语境下的人工物，成为设计活动的对象。但随着大模型的出现，人工智能逐渐深入设计活动中，逐渐具有一定程度的主体性。“乡村设计中的人工智能设计”这一概念也进而衍生出“乡村设计中人工智能深度参与甚至主导的设计活动”这一内涵。

本书第一章回顾了自 2018 年起我国开展的数字乡村建设工作。随着机器学习、计算机视觉和模式识别等技术的不断发展，人工智能在农业领域及乡村建设的相关领域的可用性不断提升。人工智能作为现代数字技术中重要的组成部分，如何对其合理应用以解决

（接上页）材美等自然要素，也是自然生命存在体的依据。本天利人不仅仅是中国乡村设计学理论的组成部分，也是手艺设计学体系建构的重要思想，具有重要意义。参见邹其昌主编：《中国设计理论与乡村振兴学术研讨会——第六届中国设计理论暨第六届全国“中国工匠”培育高端论坛论文集》。

乡村建设中所遇到的问题，成为当代数字乡村建设工作的重要问题。在我国，自数字乡村建设战略提出以来，在乡村建设活动中已然涌现了诸多人工智能应用案例。在《中国数字乡村发展报告（2022）》中所总结的各领域数字乡村建设成果中，与人工智能相关的建设成果就涵盖了基础设施、智慧农业、乡村数字化治理、数字惠民和智慧绿色乡村建设等多个领域（见表 10-1）。[1]

表 10-1　数字乡村建设中的人工智能应用场景[2]

<table>
<tr><th>应用类型</th><th>应用场景</th><th>具体应用内容</th></tr>
<tr><td>基础设施</td><td>智慧水利建设</td><td>智慧水利建设</td></tr>
<tr><td rowspan="12">智慧农业</td><td>种业数字化</td><td>人工智能辅助育种</td></tr>
<tr><td rowspan="2">种植业数字化</td><td>精准播种、变量施肥、智慧灌溉、环境控制、植保无人机</td></tr>
<tr><td>智慧稻米生产</td></tr>
<tr><td>畜牧业数字化</td><td>无人环控平台、自动巡检报警系统、智能饲喂系统等</td></tr>
<tr><td>渔业数字化</td><td>养殖水体信息在线监测、精准饲喂、智能增氧、疾病预警与远程诊断等数字技术与装备</td></tr>
<tr><td rowspan="2">农垦数字化</td><td>智慧（无人化）农场群、水旱田无人驾驶及辅助驾驶机具</td></tr>
<tr><td>东农垦集团数字化示范猪场</td></tr>
<tr><td rowspan="4">智能农机</td><td>无人驾驶轮边电动拖拉机</td></tr>
<tr><td>农机北斗端定位导航系统（自动驾驶系统自动避障、自主停车、自主线路规划功能）</td></tr>
<tr><td>植保无人机</td></tr>
<tr><td>农产品分级包装、贮藏加工、物流配送等环节应用</td></tr>
<tr><td>乡村数字化治理</td><td>乡村基层治理</td><td>公共安全视频图像应用系统</td></tr>
</table>

[1] 参见《中国数字乡村发展报告（2022 年）》，中华人民共和国中央人民政府官网，https://www.gov.cn/xinwen/2023-03/01/content_5743969.htm，访问时间：2023 年 7 月 1 日。
[2] 表格来源：《中国数字乡村发展报告（2022 年）》。

续　表

应用类型	应用场景	具体应用内容
乡村数字化治理	乡村智慧应急	气象信息预警系统
		重大病虫害数字化监测预警系统
		国家动物疫病防治信息系统
		水利设施通信应急能力
		林草防火预警系统
数字惠民	线上法律、社会救助服务	智能移动调解系统与智慧法庭
智慧绿色乡村	生态保护监管	生态环境信息监测
	农村人居环境整治信息化	农村生活垃圾分类大数据智能化

2022年以来，大模型技术的飞速发展对人工智能发展产生了重要影响。大模型基于神经网络、机器学习相关技术，以及巨量数据、巨量算力支持，其所产生的涌现特性为各领域的人工智能应用带来了新的变局。当前，已经出现了将大模型运用在农技推广、农产品销售、人工智能遥感分析中的人工智能设计活动案例。例如，表10-2列举的一亩田集团推出的人工智能对话机器人“小田”[1]，汇通达集团推出的用于智能导购、内容制作、用户推荐等场景的“汇通达大模型”[2]，商汤集团推出的应用于人工智能质检、客户服务的商汤人工智能大模型[3]，以及应用于遥感分析的商汤AI遥感

[1] 参见《AI助力乡村振兴　一亩田发布农业AI对话机器人“小田”》，中国经济网——国家经济门户，http://www.ce.cn/cysc/sp/bwzg/202306/27/t20230627_38606600.shtml，访问时间：2023年7月1日。

[2] 参见《汇通达网络高效响应部委意见，数字化赋能下沉市场产业互联网发展》，新华报业网，https://www.xhby.net/sy/kx/202309/t20230922_8095252.shtml，访问时间：2023年7月1日。

[3] 参见《加速农业数智化转型　商汤联手北大荒科技助力让农业生产更“智慧”更“聪明”》，中国经济网——国家经济门户，http://finance.ce.cn/stock/gsgdbd/202303/01/t20230301_38419967.shtml，访问时间：2023年7月1日。

大模型[1]。

表 10-2　目前部分大模型人工智能设计应用[2]

产品名称	应用模式	应用行业	具体应用场景
一亩田集团人工智能对话机器人“小田”	人工智能对话机器人	农业、销售	农业技术指导 / 农产品行情资讯 / 农产品产销建议 / 产销匹配
汇通达大模型	大模型赋能	销售	智能导购与宣传、内容制作、用户推荐、采购建议
商汤人工智能农业大模型应用	大模型赋能	农业	人工智能质检、农产品客户服务
商汤 AI 遥感大模型	人工智能遥感分析	农业、管理、服务业	种植业检测、非农非粮检测、耕地用途管控、涉农信贷、涉农保险

从当前人工智能在乡村建设中的应用来看，人工智能作为一种技术要素广泛融入乡村的生产工具设计以及乡村设计活动中，辅助设计活动开展，提升乡村设计产品效能。现阶段人工智能的运用模式，主要涉及针对人工智能应用模式与针对乡村设计需求的人工智能本体的设计，也即上文所述的三重定义中的前两者。但大模型是一种自主迭代生成性的大设计系统，其所具有的相关特性使得大模型不仅是乡村设计中的赋能要素，同时还在乡村设计中具有一定的主体性，成为乡村设计的参与者。随着大模型的发展，人工智能将会进一步参与乡村设计活动。乡村设计的第三种内涵——人工智能参与的乡村设计活动，也将逐渐在乡村设计的人工智能设计中涌现。目前的部分乡村设计活动，人工智能已然参与其中，例如，在建筑设计中，人工智能为乡村建筑参数化设计提供助力；在规划设计中，人工智能遥感分析深度参与规划设计的分析与实施环节；在

[1] 参见《商汤 AI 遥感大模型，“智”悉万变让 AI 下沉“田间地头”》，通信世界网，http://www.cww.net.cn/article?id=576985，访问时间：2023 年 7 月 1 日。
[2] 表格来源：作者自制。

作物育种工作中，人工智能也能够辅助优良品种培育，使针对农作物的“作物设计”成为可能。

（二）大模型时代的乡村设计中的人工智能设计

上述列举的乡村设计中的人工智能设计，仍属于人工智能设计在乡村设计中各个专门领域的设计应用。但实际上，乡村设计同时面向乡村自然环境与社会人文系统。在乡村设计所处的乡村空间中，人类的生活空间与自然环境相互关联，需要面对以农林牧渔为代表的第一产业，围绕乡村生产生活的第二产业，由乡村自然、文化资源衍生出的以乡村文旅产业为代表的第三产业，以及三产融合形成的庞大乡村产业系统的需求。可见当代乡村设计面对的是一个复杂的系统，要素相互联系、相互影响，其整体并非各个部分的简单相加。中国当代乡村设计应当从体系思维出发，追求实现“本天利人”的境界。[1]

上文笔者提到，随着大模型的运用，以及数据收集模式与搜集技术的不断完善，乡村设计中的人工智能设计甚至能够深度参与各种门类的乡村设计活动。随着大模型时代的到来，在未来，以政府主导，企业提供技术支持，社会多元主体参与共创的乡村大模型的实现将成为可能，而这一“乡村大模型”，将具有实现体系化乡村设计的能力。

基于多模态大模型，通过多种传感器与数字化方式收集来自乡村的自然环境信息、传统文化信息等数据，由这些数据构成数据集对模型进行训练。各个村庄能够由此拥有自己的专属模型，能够综合村庄自然系统信息、历史文化背景、社会需求，针对各种乡村设计活动，提供设计建议或方案原型。同时，基于在设计

[1] 参见邹其昌主编：《中国设计理论与乡村振兴学术研讨会——第六届中国设计理论暨第六届全国“中国工匠”培育高端论坛论文集》。

实践中与设计参与者的互动，该模型能够通过自我迭代不断更新自身，使得应对动态的乡村设计需求变化成为可能。通过合理利用人工智能对数据再利用的优势及大模型具备的涌现特点，能够进一步做到在进行设计时，兼顾乡村传统文化、自然环境生态问题、社会各方群体需求等要素，通过设计活动得到更为系统、有效的乡村设计产物，让乡村设计走向体系化。以乡村文旅设计活动为例，当拥有“乡村设计大模型”后，在乡村文旅设计过程中，能够通过该模型输出兼顾乡村的生态红线与自然生态阈值等生态要素、乡村传统文化传承、乡村的文化品牌形象塑造与传播等要素的设计草案，并围绕草案生成与乡村建筑、景观、产品等方面相关的衍生设计，人类设计师则能够基于这一草案进行进一步的方案构思与扩充。通过这一人机协作设计模式，使得最终的设计方案更能兼顾乡村整体需求。

对这一模型的设计，也属于乡村设计中人工智能设计的一部分。由于这一大模型关系到乡村设计的多个方面，需要满足多元主体需求，而大模型的开发需要大量资金与技术成本，涉及多元社会主体对其训练数据的贡献，并可能产生大量能源消耗，所以为了合理开展模型的训练工作，真正实现该模型服务于乡村整体利益的目标，该类模型的开发工作应当视作乡村未来基础设施建设的一环，其服务具有公共服务性质。需要采取政府主导、乡村多元群体共建共管的模式，通过技术手段保证面向社会的透明性，防止资本对该类模型的垄断，或模型训练过程由于恶意数据的注入导致训练数据集污染等问题的发生。

（三）大模型时代乡村设计中的人工智能设计治理及其特殊性

作为一种当前已被广泛应用于各领域，且在未来将越发重要的技术要素，人工智能设计存在的过程黑箱问题、人工智能开发具有的技术垄断特征，使得乡村设计中的人工智能设计必须得到治理，以使其发挥正向社会效益，实现长远社会价值。此外，大模型存在“机器幻觉”等问题，其生成内容有必要进行检查。大模型开发具有的庞大数据、资本、能源成本也进一步增强了其技术垄断特征。随着人工智能逐渐成为乡村未来产业发展必需的技术要素，进一步涉及乡村人民的核心利益。对人工智能大模型的应用，进一步强化了乡村设计中针对人工智能设计的设计治理问题研究的必要性。本章将关注乡村设计中人工智能设计治理问题具有的特征。

上文通过包含治理主体、治理对象、治理过程三大要素的分析框架对各领域的人工智能设计治理活动进行了分析，同时指出开展人工智能设计治理活动不可或缺的九大工具系统。以此框架对乡村设计中的人工智能设计治理进行分析，发现其治理要素与治理工具系统具有特殊性，相关特征呈现出乡村设计中的人工智能设计治理与中国当代设计治理理论体系之间的内在本质联系。

1. 乡村设计中的人工智能设计治理要素的特殊性

乡村设计中的人工智能设计治理要素的特殊性可以概括为以下三点：治理主体方面，在乡村民作为重要治理主体；治理对象方面，设计产物使用者具有治理主体与治理对象同一性；治理过程方面，相关治理过程具有面向设计治理主体与乡村自然环境的动态开放性。

在设计治理主体方面，设计治理主体包含政府、相关组织、专业设计师和个人等多元治理主体。在乡村设计治理中，这一特征更加突出。众所周知，乡村振兴工作是一项体系化工程，存在着多元性互动生成问题，就乡村振兴实施主体而言，就包含国家各级地方政府、村集体、村民、外来企业和人员等多元主体，在主体间存在密切联系与相互博弈的复杂关系。在设计主体中，关于村民群体，杨华教授指出，在乡农民熟悉农村情况，在农村具有主要社会关系与利益关系，对乡村治理工作有着重要影响作用[1]。由于设计使用者参与设计过程的共创模式在乡村设计中能够提升设计产物的准确性与满意度[2]，共创模式在乡村设计过程中也逐渐得到重视。随着村民不仅作为设计使用者，同时也成为设计参与者，在乡村民能够发挥熟悉乡村情况的优势，在设计项目中引导设计项目更加贴合乡村需求，大模型的运用也使得村民能够在未来使用人工智能设计产品时，通过反馈进一步参与设计治理活动。

在设计治理对象方面，在设计治理活动中，设计治理主体同时也可能成为设计治理对象，如作为设计治理主体的设计师，也可能在设计治理活动中成为设计治理活动对象。由于人工智能作为技术要素介入乡村设计中各领域的人工智能设计产物，相关设计产物是否能够得到合理利用，同样影响乡村设计中的人工智能设计是否能够真正发挥其社会效用。因此，设计使用者对人工智能设计产物的应用方式，也成为乡村设计中的人工智能设计治理需要关注的问题。因此，人工智能设计产物的使用者，在乡村设计的人工智能设计中也成为治理活动对象，需要通过相关治理工具，对其应用人工智能设计产物的行为加以引导规范，并通过技术治理工具、知识治理工具等为其提供相应的技术、知识支持。

在设计治理过程方面，治理过程是一个全流程、动态化、多元参与的过程。得益于机器学习技术的发展，人工智能能够通过与用户的交互反馈实现模型的自我迭代，这使得人工智能设计治理具有开放特征。而大模型的黑箱特征与“机器幻觉”等特征也使得大模型时代的人工智能设计治理进一步呈现动态治理特征。就乡村设计中的人工智能设计治理而言，其所具有的动态开放性不止面向多元

[1] 杨华：《在乡农民：中国现代化建设的压舱石》，载《文化纵横》2023 年第 4 期。

[2] 陈晶宇：《共创理念视角下美丽乡村设计赋能研究》，载《设计》2023 年第 9 期。

设计治理主体，同时也包含来自自然环境的反馈。正如上文所言，乡村设计和乡村的社会需求与自然环境存在紧密联系，乡村设计中的人工智能设计活动及其产物中有相当比例也与农业与乡村生态环境相互关联。因此，除了从设计活动中收集来自人类使用者的反馈之外，利用传感器等技术收集来自自然环境的反馈，成了乡村设计中人工智能设计治理活动过程的重要环节。

2. 乡村设计中的人工智能设计治理工具系统的特殊性

乡村设计治理工具系统的特殊性体现于习俗治理工具系统、舆论治理工具系统、知识治理工具系统在乡村设计人工智能设计治理工具系统中具有的重要性。

首先，习俗治理工具系统具有的重要性，是乡村设计中的人工智能设计治理工具系统的突出特征。乡村传统乡规民约在现代乡村治理工作中具有重要价值，传统乡村民约、乡村生活中的人际社会关系的维系能够提升乡村凝聚力，激发乡村内生性活力。同时，乡村文化中以传统习俗的形式保存了众多的非物质文化遗产。在大模型时代，通过将乡村中的社会习俗等内容进行数字化，能够创造针对乡村人工智能设计治理的习俗治理工具，相关工具对应用于乡村治理、乡村文化等领域的人工智能设计具有重要意义。

其次，舆论治理工具系统是乡村设计中人工智能设计的重要工具系统，网络社交平台在乡村治理工作中发挥了重要作用。《中国数字乡村发展报告（2022年）》指出，2021年全国村级在线议事行政村覆盖率为72.3%。[1] 网络社交平台对发现乡村设计中人工设计治理存在的问题，传播乡村设计人工智能设计治理知识工具发挥了重要作用，为乡村居民参与乡村设计中的人工智能设计治理提供

[1] 参见《中国数字乡村发展报告（2022年）》，中华人民共和国中央人民政府官网，https://www.gov.cn/xinwen/2023-03/01/content_5743969.htm，访问时间：2023年7月1日。

了重要渠道。

最后，知识治理工具系统是乡村设计中的人工智能设计治理活动的必要工具系统。《数字乡村发展战略纲要》中提出，要着力弥合城乡“数字鸿沟”，培育信息时代新农民。[1] 由于人工智能大模型的黑箱特征与生成结果的随机性对设计结果具有重要影响，有必要建立相应的知识工具系统，使乡村设计中人工智能设计治理的参与者能够掌握人工智能相关知识，避免以大模型为代表的人工智能的应用造成“数字鸿沟”的扩大。

（四）推进乡村设计中的人工智能设计治理与中国自主人工智能设计治理理论体系建构的内在关联

乡村设计中的人工智能设计治理在治理要素、治理工具系统中具有的特征，体现了推进乡村设计中的人工智能设计治理与中国自主人工智能设计治理理论体系建构之间的内在关联。如本书开篇所言，建构中国自主人工智能设计治理理论体系，需要扎根于中国文化文脉，体现中国特色与中国精神。对于乡村设计中的人工智能设计治理而言，其与中国自主人工智能设计治理理论体系的内在关联体现在以下两方面。

第一，乡村设计中的人工智能设计治理体现出了对中国传统文化的传承，是中国自主人工智能设计治理理论体系中根植传统文化的内在组成。一方面，中国的生态文明、人与自然生命共同体的理念，是对中国传统天人观、自然观的继承和发展。[2] 通过在动态的治理过程中关注乡村自然问题，能够实现对自然环境的重视，真正

[1] 参见《中共中央办公厅　国务院办公厅印发〈数字乡村发展战略纲要〉》，国家乡村振兴局官网，http://nrra.gov.cn/art/2019/5/16/art_1461_98141.html，访问时间：2023 年 7 月 1 日。

[2] 高世名：《“数智社会”与 21 世纪社会主义文化领导力》，载《文化纵横》2023 年第 3 期。

做到中国当代设计理论体系中乡村设计应当追求的“本天利人”[1]境界。另一方面，通过关注设计治理工具系统中习俗工具，将传统习俗引入人工智能设计治理，乡村设计中的人工智能设计进一步扎根于中国传统文化，体现其作为中国自主人工智能治理理论体系的内在组成部分的重要特征。

第二，乡村设计中的人工智能设计治理体现了以人民为中心的设计治理理念，展现了当代中国的时代精神与价值主张。通过关注在乡村民作为设计治理主体的重要价值，开发设计治理舆论工具系统、设计治理知识工具系统，乡村设计中的人工智能设计治理让更多乡村百姓参与其中，体现了以人民为中心的治理观念，具有中国自主人工智能设计治理理论体系的重要特征。

综上所述，推进乡村设计中的人工智能设计治理，需要根植于中国传统文化，立足中国精神，才能够展现中国特色，与中国自主人工智能设计治理理论体系建构具有内在的关联。

[1] 参见邹其昌主编：《中国设计理论与乡村振兴学术研讨会——第六届中国设计理论暨第六届全国“中国工匠”培育高端论坛论文集》。

后记

本书是一本集体合作成果。我提出核心理论——设计治理理论体系问题，依据当代设计学体系建构展开个案式探讨，重点从人工智能设计中的设计治理理论体系的建构问题展开多视角、多领域、多维度的思考与研究，努力拓展未来设计学体系建构的可能性问题。在本研究中，创造了一大批概念和命题，密切结合当下科技的发展态势，积极探索未来设计学理论话语体系建构问题。

本书在具体操作层面，依据我的当代设计学理论体系建构，每位作者各自从自己负责的领域展开工作，具体研究和探索各自领域中未来设计学体系建构的核心价值与基本精神，努力展望未来设计学体系建构的可能路径和未来场域结构，有涉及未来乡村设计中的人工智能设计的可能性问题和路径，更有手艺设计学体系建构问题中的人工智能设计问题场域结构和再生设计问题等。大模型是2023年科技界的一个热点，特别是人工智能领域重大突进对未来设计学体系建构可能产生的巨大价值和意义，有待设计学界展开深入系统的研究与探索，这也是设计学研究与时俱进的特色之一。

我在2004年积极倡导构建中国当代设计理论体系（亦即构建

中国设计学体系、构建中国有根的现代设计学体系、建构中国式的现代化设计学体系等）。这个倡导是未来设计学建设与发展的指导性问题，属于设计学建设与发展的顶层设计问题，意义重大。虽然提出问题还不是解决问题，但提出问题是解决问题的前提。纵观人类发展史，任何重大问题的提出到问题的解决，需要人类通力合作并长时段持续努力才能完成的。因此，二十多年来，我虽然进行了多维度多领域交叉性的研究，提出了一大批新概念、新思想、新理论和新体系，但要真正完成未来设计学体系，还有很长的路要走。这条路才刚刚起步，但毕竟开始出发了——指向未来，呼唤新型设计学体系的诞生与华夏文化的伟大振兴。

本书是我的设计学理论团队的集体成果。参与本书撰写工作的其他成员是严康（同济大学设计创意学院博士，建筑与城市规划学院博士后，主要从事设计学和工匠文化研究）、许王旭宇（同济大学设计创意学院博士生，主要从事设计学和工匠文化研究）、陈征洋（同济大学设计创意学院博士生，主要从事设计学和工匠文化研究）、孙文鑫（同济大学设计创意学院博士生，主要从事设计学和工匠文化研究）、陈灿杰（同济大学设计创意学院硕士生，主要从事设计学和工匠文化研究）。

撰写分工情况：我负责全书总体构思、理论框架搭建及核心问题研究，统筹全书的基本逻辑结构，包括标题的拟定、核心细节的处理等问题。其中我独立完成的有：前言、绪论 设计治理理论体系论纲、第十章 大模型与中国自主人工智能设计治理理论体系以及后记。本书作者分工如下：

第一章　基于社会设计学体系的数字乡村设计治理理论体系研究（邹其昌、许王旭宇）；第二章　中国自主人工智能设计治理理论体系基本问题（邹其昌、严康）；第三章　人工智能设计治理的基础概念体系（邹其昌、陈征洋）；第四章　中国自主人工智能设计治理工具系统（邹其昌、许王旭宇）；第五章　“巫”与“术”的碰撞：ChatGPT 与人工智能设计治理（邹其昌、严康）；第六章　人工智能艺术设计治理（邹其昌、陈征洋）；第七章　基于中国自主人工智能设计治理体系的数据治理问题研究（邹其昌、许王旭宇）；第八章　传媒领域人工智能设计治理问题研究（邹其昌、陈灿杰）；第九章　中国自主人工智能设计治理理论体系下的人机关系问题研究（邹其昌、孙文鑫）；第十章　大模型与中国自主人工智能设计治理理论体系（邹其昌）。

写作中，同学们严格按照我的理论体系和话语体系展开思考与研究，由此也使同学们对我的理论体系有了更深的体验。这本身就是一次高效、前沿、快乐的协同与创新工程之旅。在此，我们也打开了一个全新的世界！打开、打开、再打开，打开的世界和世界的打开，才会更精彩而华丽！谢谢各位同学的奉献与智慧！

再次感谢我的家人对我的学术研究长期支持与奉献！

感谢同济大学设计创意学院领导和同事的支持与帮助！

感谢同济大学宣传部和文科办的理论创新项目的支持！

感谢同济大学上海市人工智能社会治理协同创新中心出版资助！

感谢上海人民出版社冯静编辑的支持与辛劳！

邹其昌

2024 年 3 月 19 日

于上海寓所

图书在版编目(CIP)数据

设计治理:中国自主人工智能设计治理理论体系研究/邹其昌等著.—上海:上海人民出版社,2024
("人工智能伦理、法律与治理"系列丛书/蒋惠岭主编)
ISBN 978-7-208-18750-4

Ⅰ.①设… Ⅱ.①邹… Ⅲ.①人工智能-管理-研究-中国 Ⅳ.①TP18

中国国家版本馆 CIP 数据核字(2024)第 034199 号

责任编辑 冯 静 宋子莹
封面设计 一本好书

"人工智能伦理、法律与治理"系列丛书
设计治理
——中国自主人工智能设计治理理论体系研究
邹其昌 等 著

出　　版 上海人民出版社
(201101 上海市闵行区号景路 159 弄 C 座)
发　　行 上海人民出版社发行中心
印　　刷 上海商务联西印刷有限公司
开　　本 635×965 1/16
印　　张 18.5
插　　页 2
字　　数 224,000
版　　次 2024 年 4 月第 1 版
印　　次 2024 年 4 月第 1 次印刷
ISBN 978-7-208-18750-4/D・4266
定　　价 78.00 元